插图版

# 一本书读懂
# 美学
## Esthetics

常宏 朱珂苇 编著

中华工商联合出版社

**图书在版编目（CIP）数据**

一本书读懂美学：插图版／常宏，朱珂苇编著．——

北京：中华工商联合出版社，2020.9

ISBN 978 – 7 – 5158 – 2777 – 3

Ⅰ．①一⋯ Ⅱ．①常⋯ ②朱⋯ Ⅲ．①美学 – 通俗读

物 Ⅳ．①B83 – 49

中国版本图书馆 CIP 数据核字（2020）第 133858 号

## 一本书读懂美学 插图版

编　　著：常　宏　朱珂苇

出 品 人：刘　刚

责任编辑：李　瑛

封面设计：下里巴人

版式设计：北京东方视点数据技术有限公司

责任审读：李　征

责任印制：陈德松

出版发行：中华工商联合出版社有限责任公司

印　　刷：盛大（天津）印刷有限公司

版　　次：2020 年 9 月第 1 版

印　　次：2024 年 1 月第 2 次印刷

开　　本：710mm×1020mm　1/16

字　　数：260 千字

印　　张：16

书　　号：ISBN 978 – 7 – 5158 – 2777 – 3

定　　价：68.00 元

服务热线：010 – 58301130 – 0（前台）

销售热线：010 – 58302977（网店部）

　　　　　010 – 58302166（门店部）

　　　　　010 – 58302837（馆配部、新媒体部）

　　　　　010 – 58302813（团购部）

地址邮编：北京市西城区西环广场 A 座

　　　　　19 – 20 层，100044

http://www.chgslcbs.cn

投稿热线：010 – 58302907（总编室）

投稿邮箱：1621239583@qq.com

工商联版图书

# 前　言

　　说起美学，人们都会想到"阳春白雪"，觉得它与人生有着密切关系，但又触之不及。人们需要美学，是因为"爱美之心人皆有之"，每个人都崇尚美的事物，都需要美的生活，想让自己从内到外都是美的。但是为什么人们又觉得美学是触不可及的呢？因为人们总是觉得美学本身是一门非常高深的学问，它源于哲学范畴，与实际的生活美化有很大一段距离。从苏格拉底叹息着说"美是难的"，到美学研究上的"哥德巴赫猜想"，再到众多美学家对美的亲身实践和探索，无不给人们一种错觉，那就是美学是一种非常玄妙又深奥的学问，是普通大众所不能触及的。难道美学真的就这么遥不可及吗？

　　其实，美学本身就是一门研究美、美感、美的创造及美育规律的学科。学习和探讨审美活动的起源、美感心理、审美活动的构造与形态等，不但可以扩大哲学视野和提升理论素养，而且对我们理解人类生活价值追求和艺术创造，提高审美修养和艺术鉴赏力，提高人生品位大有裨益。

　　本书采取直观的图文呈现手法，引入"图说"理念。选择了美学发展历程中最具代表性的人物和事件作为端口。众多精彩故事独立成篇，用通俗易懂的叙述语言讲述美学的发展历史，记录美学大师的人生历程，阐释美学的重要理论，图文并茂，组成一幅精彩的世界美学画卷，清晰地呈现出美学发展的脉络。无论是对美学感兴趣的普通读者，还是专业学者，都可以从中汲取到美学的智慧与灵感，进而以美学的眼光审视自己、指引生活，拥有幸福、美好的人生。

# 目 录

# 古希腊、古罗马美学与中国先秦美学

## 美在和谐

——毕达哥拉斯

英国哲学家罗素曾说过这样一段话："在全部的历史里，最使人感到惊异的就是突然兴起的希腊文明了。希腊人在文学艺术上的成就是大家所熟知的。他们不为任何因袭的正统观念的枷锁所束缚，自由地思考着世界的本质和生活的目的。所发生的一切都是如此令人惊异，以至于直到近现代，人们还乐于惊叹并神秘地谈论着这些希腊的天才们。"在这个灿烂的思想天空中，就有一位明亮的数学之星，这就是被称为"第一个真正数学家"的毕达哥拉斯。

如果说希腊哲学是从泰勒斯开始，那么美学就是从毕达哥拉斯开始的。很多美学的基本概念都是毕达哥拉斯提出的，诸如净化、和谐、模仿等。

毕达哥拉斯（约公元前 580 ~ 约前 500），据哲学家拉尔修说，他是和哲学家泰勒斯同时代的人。他出生在萨摩斯岛，这个岛屿是希腊最富有的城邦之一。他的父亲是指环雕刻艺人，是当地的一个殷实的自由公民。那个时代，"萨摩斯被僭主波吕克拉底所统治着，这是一个

▲ 毕达哥拉斯像

1

发了大财的老流氓，有着一支庞大的海军"。这位独裁的统治者因为贪财和骄傲，不听劝告而被谋杀了。

毕达哥拉斯在年轻的时候勤奋地探讨数学和算术，后来他接受泰勒斯的劝说去了埃及，在埃及住了很长时间。而当时的埃及在文化上是相当繁荣的。后来他还到过巴比伦、波斯等地。据说他通晓埃及文字，当过埃及的僧侣，介入埃及神庙中的祭典和秘密入教仪式，接受了当地流行的灵魂不朽、轮回转世以及其他一些宗教思想。诸如只用没有生命的东西作献祭；不吃豆子；禁吃活的东西；不要用铁去拨火；穿鞋子要从右脚开始；洗脚则要先洗左脚，等等。他本人在后来自己创办的学派中宣传这些观念和生活方式。

大约 45 岁的毕达哥拉斯回到故乡萨摩斯岛，由于不满意独裁者波吕克拉底的统治，他几经周折移居到南意大利的克罗顿城，在那里继续从事把学术、政治、宗教等合为一体的活动。他以自己的教导在克罗顿这个杰出的城邦获得了许多门徒，据说有 600 人接受他的哲学思想，按照他的教导过着集体生活。

毕达哥拉斯本人就是"一件制成了的艺术品，一个了不起的陶铸的天性"的美男子。他仪表庄严，加上他的道德才干和独特的、神秘的生活方式，人们几乎把毕达哥拉斯看成了神，好像他原来就是一个有善心的精灵，把他称颂为司光明、青

▲ 阿波罗与达芙妮

阿波罗是希腊古典精神的具体化，代表了人性中文明和理智的方面。由于毕达哥拉斯相貌俊美、学识渊博，他的追随者便将他看作阿波罗。图为阿波罗追求达芙妮，而美少女竭力躲避他。

春、音乐、诗歌的太阳神阿波罗，认为他是有人形的奥林比亚的一个人。他向同时代人显灵，给世俗带来有益的新生活；把幸福的火花和哲学带给了人类，作为神的礼物，那是过去不曾有过的、也不能有的更大的善了。因此，在今天还流传着用最庄严的方式公开赞扬这个长头发的萨摩斯人。

他的门徒穿同样的衣服——一件与众不同的、白麻布的毕达哥拉斯式的服装。他们有一种很有规律的日常生活秩序。早上起床之后，就要回忆过去一天的历史，因为今天所要做的事情是与昨天所做的事情密切联系着的。他们也要记诵荷马和赫西俄德的诗句。在早上——常常一整天也是如此——他们学习音乐，音乐是希腊一般教育的主要对象。角力、赛跑、投掷等体育运动，也同样有规律地进行着。他们在一块儿吃饭，并且在吃饭方面他们也有特别的地方：据说蜂蜜和面包是他们的主食，水是最主要的，甚至是唯一的饮料。他们同样也必须禁绝肉食，他们禁绝肉食是与相信灵魂轮回联系在一起的；就是在蔬菜食料中他们也有所分别，豆类是禁食的。由于他们崇敬豆类，常常被人嘲笑；当后来政治集团被解散时，毕达哥拉斯和许多门徒宁可死去也不让一块种豆子的地受到损害。

据说，毕达哥拉斯是第一个使用"哲学"这个词的人。"哲学"（Philosophy）即"爱智慧"之意（philosophia）；因为毕达哥拉斯说过，只有神是智慧的，任何人都不是。和神相比，人最多只能是爱智慧，也就是爱神。当菲洛斯的僭主勒翁问毕达哥拉斯是什么人的时候，毕达哥拉斯说他是一名哲学家。他将生活和大竞技场作比较，在那里，有些人是来争夺奖赏的，有些人是带了货物来出卖的，而最好的人是沉思的观众；同样，在生活中，有些人出于卑劣的天性，追求名利，只有哲学家才寻求真理。后来，哲学家把沉思和追求真理作为自己的信念。

"我们在这个世界上都是异乡人，身体就是灵魂的坟墓，然而我们决不可以自杀以求逃避；因为我们是神的所有物，神是我们的牧人，没有他的命令我们就没权利逃避。在现世生活里有三种人，正像到奥林匹克运动会上来的也有三种人一样。那些来做买卖的人都属于最低的一等，比他们高一等的是那些来竞赛的人。然而，最高的一种乃是那些

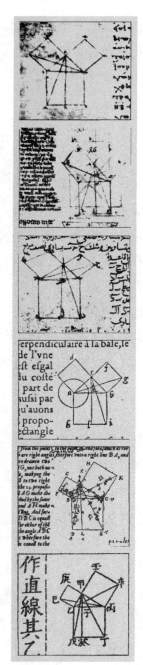

▲毕达哥拉斯定理在 17 世纪便已传到世界各国。上图是从欧几里得著作的各种译本中摘出的。

只是来观看的人们。因此，一切中最伟大的净化便是无所为而为的科学，唯有献身于这种事业的人，亦即真正的哲学家，才真能使自己摆脱'生之巨轮'。"

毕达哥拉斯认为，灵魂是一种和谐。净化灵魂的手段是音乐和哲学，因为音乐是和谐的音调，音乐是对立因素的和谐统一，把杂多导致统一，把不协调导致协调。哲学是对事物间和谐关系的思索。但不论是音乐的和谐，还是事物之间的和谐，都是一种数的规定性，所以毕达哥拉斯所谓的智慧指对数的本性的把握。"一切其他的事物，就其整个本性来说，都是以数为范型的。"万物都是对数的模仿。"模仿"表达了普遍范畴对具体存在的这种关系。而模仿由此也成为一个重要的美学范畴。

毕达哥拉斯是西方最早发现勾股定理的人。据说这个学派还为这个发现举行了盛大的祭祀仪式。在这种对数的哲学研究中，毕达哥拉斯得出了一个重要的美学结论，就是和谐产生美。

"和谐是杂多的统一，不协调因素的协调。"据说有一次毕达哥拉斯路过铁匠铺，听到几个铁锤在一起打铁时发出的和谐的声音，他从中受到启发，经调查测定，发现不同重量的铁锤发出不同谐音的比例关系，从而肯定各种不同音调同数量的关系。后来他又在琴弦上做出进一步的测试，发现琴弦的长短、粗细、紧张程度成一定比例关系时发出的声音是和谐的，从而找出了八度、五度、四度音程的关系。如有两根绷得一样紧的琴弦，要是其中一根的长度是另外一根的两倍，即 2：1，那么两个琴弦发出的音就相差八度；如果两根弦长之比是 3∶2，则短弦比长弦发出的音高 5 度；如果两根弦长之比是 4∶3，则短弦比长弦发出的音高 4 度。毕达哥拉斯由此认为音乐的基本原则就在于数量关系。数的关系是唯一规定音乐的方式。和谐的数量关系发出美的声音。毕达哥拉斯是表现声音与数字比例相对应的千古第一人，比任何人更早把一种看来好像是质的现象——声音的和谐——量化，从而率先建立了日后成为西方音乐基础的数学学说。

毕达哥拉斯把对音乐的研究推广到建筑、雕刻等艺术领域。既然音乐的和谐是由于数的比例关系造成的，那么只要调整好数量之间的比例关系，建筑和雕刻等就能产生出最美最和谐的艺术效果。由此，毕达哥拉斯和他的门徒们确立了一些经验性的审美规范，诸如完整、比例、对称、节奏等等，并且最早发现了所谓的黄金分割规律，即把黄金分割成长宽具有一定比例 [A∶B=（A+B）∶A] 的长方形，从而获得形式美的规律。毕达哥拉斯学派的传人、雕塑家波里克里托斯专门研究了人体各部分间的比例，写成了《法则》一书，明确指出了人体各方面的比例对称数据，如健壮的人体身高为七个头长（7∶1），雕像的重心集中在一只脚上，另一只脚放松，能使整个身体的肌肉和筋的紧张与松弛变化突出，也能使整个形象更富于表现力。在波利克里托斯的代表作《执矛者》中，他就以头与全身 1∶7 的比例塑造了高贵而肃穆的理想人体形象，用艺术作品本身来体现和谐就是美的原则。

雕像《执矛者》就是作者为了支持这个比例原则而作。雕像塑造的是一个体格健壮充满朝气的青年战士形象，体现了古希腊人对英勇战士们的崇敬心情。他肌肉发达，左手持矛，右腿站立，身体的重心落在右腿上；右手下垂，左腿则稍稍向后弯曲着地。整个的人体动态十分统一和谐，右脚支撑身体，躯干向左倾，头向右转，全身近似于一个优美的"S"形，仿佛在运动中寻求平衡。这种人体造型能使静立的雕像产生很强的动感。

"整个天体是一种和谐和一种数"，音乐实际上是一种模仿。存在于天体中的和谐，是音乐模仿的模板。哲学家康德曾写道："有两样东西，我们越是持久和深沉地思考着，就越有新奇和强烈的赞叹与敬畏充溢我们的心灵：这就是我们头顶的星空和我们内心的道德律。"这段极其诚挚的文字真实地道出了人类几千年的心声。

　　"数"是毕达哥拉斯打开宇宙奥秘的钥匙。音乐的和谐被认为是宇宙和谐的缩影。毕达哥拉斯认为，"完美的和谐体现在永恒不息地运动着的宇宙物体之中"。他把数规定为整个自然界的原则，认为音乐和宇宙都是一脉相通的，"整个天是一个和谐"，所以把天和整个自然界的一切范畴和部分都放在数以及数的关系之下。如果有些地方有不完全相合之处，他们便以另一种方式来弥补这些缺点，好造出一种一致性来。例如，因为他们认为十是完满的，包括整个数的本身，于是他们说，在天上运行的星球也是十个；然而他们只有九个可以看见，所以就造出第十个，即'对地'。这九个星球是：当时已知的五（七）个行星：（1）水星，（2）金星，（3）火星，（4）木星，（5）土星，以及（6）太阳，（7）月亮，（8）地球，与（9）银河（恒星）。因此第十个是"对地"，至于"对地"，还不能决定他们究竟把它想成地球的反面，还是想成完全另外一个地球。这十个星球和一切运动体一样，造成一种声音，而每一个星球各按其大小与速度的不同，发出一种不同的音调。这是由不同的距离决定的，这些距离按照音乐上的音程，彼此之间有一种和谐的关系；由于这和谐关系，便产生运动着的各个星球的和谐的音乐，一个和谐的世界合唱。音乐家的使命就在于使这种和谐从天上降临人世。音乐的使命就是使灵魂归于永恒的和谐。

　　传说乐神缪斯之子俄尔普斯善弹竖琴。他以自己优美的琴声吸引了整个宇宙，山石、鲜花、大海、男女老少乃至野游生物都被他的琴声所陶醉。后来，俄尔普斯爱上了欧律狄克，而欧律狄克被毒蛇咬死，俄尔普斯发誓要下到地狱追寻欧律狄克。看管欧律狄克的守护神这一次同样被俄尔普斯的音乐所慑服，便

▲ 图为音乐神阿波罗和抒情诗女

同意解除死亡之约，并将他的恋人送回人间。这段流传已久的神话显示了音乐的伟大。音乐之所以美妙和动听，因为音乐有灵魂、有思想。

毕达哥拉斯认为，这是由于音乐体现了宇宙的和谐。而这个和谐本质就是数的和谐。音乐使我们释放感情、寄托生活；在音乐之中，我们延续着文明，音乐使我们走向永恒。

# 西方古典理性主义美学始祖

## ——苏格拉底

苏格拉底（公元前 469 ~ 前 399），是雅典公民雕刻匠索佛隆尼斯库的儿子，母亲菲娜瑞特是个助产士，也就是接生婆。而成年的苏格拉底，称自己是精神的助产士。他少时即从事艺术雕刻，技艺精湛，据说雅典卫城建筑上的一组美神雕像就是他的作品。

苏格拉底被称作是"西方的孔子"，他不仅是哲学史中极其重要的人物——古代哲学中最饶有趣味的人物，而且也是具有世界史意义的人物。

他长得很丑：脸扁平、一个大扁鼻子、嘴巴肥厚，挺着一个大肚子；他比滑稽戏里的一切丑汉还丑。他总是穿着褴褛的旧衣服，光着脚到处走。他和人谈话的时候偏低着头，像条壮实的公牛。他不顾寒暑，不顾饥渴，使得人人都惊讶。在《会饮篇》里曾这样描叙苏格拉底服兵役的情形：我们的供应被切断了，所以就不得不空腹行军，这时候苏格拉底的坚持力真是了不起，他不仅比我，而且比一切人都更卓绝：没有一个人可以和他相比。他忍耐寒冷的毅力也是惊人的。曾

▲ 苏格拉底像

苏格拉底述而不作，他经常说"我只知道自己一无所知"，而正是他对"美本身"的追问使审美活动走向自觉，预示了美学产生的可能性。苏格拉底对知识的敬畏和他已取得的成就同时证明着他的伟大。

有一次严寒天气，因为那一带的冬天着实冷得可怕，所有别的人不是躲在屋里，就是穿着多得可怕的衣服，紧紧把自己裹起来，把脚包上毛毡；这时只有苏格拉底赤着脚站在冰上，穿着平时的衣服，但他比别的穿了鞋的兵士走得更好；他们都对苏格拉底侧目而视，因为他仿佛是在鄙夷他们呢。

他是一个善于交际的人。他很少饮酒，但当他饮酒时，从没有人看见他喝醉过。根据柏拉图的记载，在一次宴会上，不管喝了多少酒，他仍然若无其事。大家最后靠在靠椅上睡着了，在天明醒来时，苏格拉底一杯在手，还在和阿里斯多芬谈论喜剧和悲剧，然后他照常去公共场所，去运动场，好像什么事情也没有发生，并且像平常一样整天到处找人谈话。"神让我到这里履行牛虻的责任，整天到处叮着你们，激励、劝说、批评每一个人。"也因此，苏格拉底被指控犯有败坏青年之罪，犯有信奉他自己捏造的神而不信奉城邦公认的神之罪。苏格拉底被他所苦苦眷恋的城邦处死。欧里庇得斯在他的悲剧中这样谴责雅典人："你们已经扼杀了缪斯的全知的和无罪的夜莺。"

苏格拉底死于第95届奥林比亚赛会的第一年（公元前399年），那时他69岁；这是伯罗奔尼撒战争结束后第一届奥林比亚赛会的时间，是伯里克里死后29年，亚历山大出生之前44年。他经历了雅典全盛和开始衰落的时期；他体验了雅典繁荣的顶点和不幸的开始。

苏格拉底是各类美德的典型：智慧、谦逊、俭约、有节制、公正、勇敢、坚忍、坚持正义、不贪财、不追逐权力。苏格拉底是具有这些美德的一个人，一个恬静的、虔诚的道德形象。他对于金钱的冷淡是完全出于他自己的决定，因为根据当时的习惯，他教授学生是可以像其他教师一样收费的。他把哲学从天上带到了地上，带到了家庭中和市场上，带到了人们的日常生活中。

## 美德即知识

苏格拉底提出了"美德就是知识"的著名命题。正如亚里士多德所说："苏格拉底不研究物理世界，而研究伦理世界，在这个领域里寻求普遍性，第一个提出了定义的问题。"

苏格拉底认为无人自愿为恶，一切不正当的行为都是由无知所致。正如黑格尔所说，苏格拉底的哲学和他研讨哲学的方式是他的生活方式的一部分。他的生活和他的哲学是一回事。

　　苏格拉底的妻子是一个有名的悍妇，常常无故滋事，无事生非，邻人无不嫌恶。即使是苏格拉底的儿子都不能忍受其母亲的坏脾气，声称宁愿与野兽生活在一起，也不愿意看到自己的母亲。而苏格拉底却能与她耐心相处，并教导儿子说，这样的环境有助于培养涵养，而且是因为其母亲没有认识到作为母亲和妻子的义务，儿子也没有认识到自己作为儿子的职责。他认为爱美德是人的天性。只要人们能够认识到自己行为的错误，人们就会像吐唾液一样把自己的错误抛弃掉。所以苏格拉底说，没有经过思考的生活是不值得过的生活。认为通过理性的思考就能获得知识，就能认识到美德。

　　他的哲学活动绝不是脱离现实而退避到自由的纯粹的思想领域中去的。产生这种同外部生活联系的原因，是他的哲学不企图建立体系；他研讨哲学的方式本身毋宁说就包含了同日常生活的联系，而不像柏拉图那样脱离实际生活，脱离世间事务。

　　亚里士多德对苏格拉底的美德的定义、原则所做的批评如下："苏格拉底关于美德的话说得比普罗泰戈拉好，但是也不是完全正确的，因为他把美

▲ 苏格拉底之死　1787 年　雅克 – 路易·达维特　法国
苏格拉底因坚持自己的信念将被判处鸩刑，但他神色安然，面无惧色。他手指更高的天国，表明那是他的最终归宿。

德当成一种知识。这是不可能的。因为全部知识都与一种理由相结合，而理由只是存在于思维之中；因此他是把一切美德都放在识见（知识）里面。因此我们看到他抛弃了心灵的非逻辑的——感性的——方面，亦即欲望和习惯，而这也是属于美德的。欲望在这里不是情欲，而是心情的倾向、意愿。"

正是基于这样的哲学基础，朱光潜认为苏格拉底之前的哲学家都主要从自然科学的观点去看美学，要替美做自然科学的解释；到了苏格拉底才主要地从社会科学的观点去看美学问题，要替美找社会科学的解释。

### 美即事物功用的发挥

"凡是我们用的东西如果被认为是美的和善的，都是从同一个观点——它们的功用去看的。"

色诺芬在《回忆苏格拉底》中记载，苏格拉底和阿里斯提普斯有一段关于美的对话。

阿里斯提普斯问道："你知不知道什么东西是美的？"

苏格拉底回答道："美的东西有很多。"

"那么，他们都是彼此一样的吗？"阿里斯提普斯问。

"不然，有些东西彼此极不一样。"苏格拉底回答。

"可是，美的东西怎么能和美的东西不一样呢？"阿里斯提普斯问道。

"这个很自然呀，"苏格拉底回答道，"这是因为，美的摔跤者不同于美的赛跑者；美的防御用的圆盾牌和美的便于猛力迅速投掷的标枪也极不一样的。"

……

"难道你以为，"苏格拉底回答道，"好是一回事，美是另一回事吗？难道你不知道，对同一事物来说，所有的东西都是既美又好的吗？首先德行就不是对某一些东西来说是好的，而对另一些东西来说才是美的。同样，对同一事物来说，人也是既美又好的；人的身体，对同一事物来说，也显得既美又好。而且，凡人所有的东西，对他们所使用的事物来说，都是既美又好的。"

"那么，一个粪筐也是美的了？"

"当然了，而且，即使是金盾牌也是丑的，如果对于其各自的用处来说，前者做得好而后者做得不好的话。”

“难道你是说，同一事物是既美而又丑的吗？”

“的确，我是这么说——既好又不好。因为一个东西对饥饿来说是好的，对热病来说就不好。对赛跑来说是美的东西，对摔跤来说往往可能就是丑的，因为一切事物，对它们所适合的东西来说，都是既美又好的，而对于它们不适合的东西，则既丑又不好。”

苏格拉底认为美是相对的，没有永恒绝对的美。美就是适用。每一件东西对于它的目的服务得很好，就是善的和美的，服务得不好，则是恶的和丑的。在这里苏格拉底从目的论的角度给美下了定义。

## 美是正义的行为

与看待事物的角度一样，苏格拉底也是从善或者是说目的论的角度来看待人的美。在这里，美不是指一种正义的思想，而是指正义的行为。而这个正义的意思就是适合的、发挥其自己功用的意思。一个人只有充分地实现了自己，就是一个充分地发挥了功用的人，也就是个具有善的人，也就是个美丽的人。苏格拉底讲了一个故事来说明：美就是正义的行为。

一天，伊斯霍马霍斯看到妻子脸上擦了浓重的粉，抹着鲜红的胭脂，脚上穿了高跟鞋，心里非常不舒服，他就走到妻子的面前，微笑着对妻子说：亲爱的，你要知道，我是从心里不愿意看到你抹着白粉和胭脂的脸，而更喜欢看到你真正的肤色。这就像是马爱马、牛爱牛、羊爱羊一样，人类也认为不加伪装的人体是最可爱的。像这样无聊的装饰，也许可以用来欺骗外人，但是生活在一起的人如果打算互相欺骗，那一定会露出真相的。

苏格拉底并不否认人的外表美，他认为外表美不是经过修饰出来的，而是从一定的生产和生活实践中锻炼出来的，认为只有从事了正义的行为的人才是美的。

▲ 色诺芬头像
古希腊历史学家和著作家，苏格拉底的弟子。

**▲ 德尔菲考古遗址**

苏格拉底曾在此处聆听神谕。

妻子问伊斯霍马霍斯：亲爱的夫君，你认为怎样才能使我更美呢？伊斯霍马霍斯回答：神保佑你成为一个女主人，不要像奴隶那样整天总是坐着，应该时常站在织布机前面，准备指导那些技术不如你的人，并向比你强的人学习；要照管烤面包的女仆；要帮助管家妇分配口粮；要四处查看各种东西是不是放得各得其所；和面揉面团，抖弄和折叠斗篷与被褥乃是最好的运动。这些运动，既能增进你的食欲，增强体质，又能够增加脸上的血色，使你变得更加美丽动人。

苏格拉底首先是个伦理学家，他总是从社会效益的角度来看待美和艺术的。他是早期希腊美学思想转变的关键。他把注意的中心由自然界转到社会，美学也转变成为社会科学的一个组成部分。它从社会的观点指出美的评价标准在于对人的效用。根据效用，他看出美的相对性。从此美就与善密切地联系在一起，而美学与伦理学和政治学也就密切地联系在一起了。

## 构建美学体系的柏拉图

在古希腊，曾经有一个美丽的传说：有一天晚上，苏格拉底做了一个梦，梦见自己的膝上飞来了一只天鹅。在古希腊神话里，天鹅是太阳神阿波罗的神鸟。这只天鹅很快长出了羽翼，唱着嘹亮美妙的歌，飞向了天

**◄ 柏拉图像**

柏拉图的《对话录》是有史以来最优美的希腊散文，既是艺术作品，也是哲学著作，并且其中也体现了他的美学思想。

空。第二天，就有一位青年来向苏格拉底拜师求学，这个青年就是后来的有"西方思想之父"之誉的柏拉图。他的一生像一只在人类智慧的天空中展翅飞翔的天鹅，给人类带来了理性的光辉。

柏拉图（公元前 427～前 347）原名叫阿里斯托克勒（Aristokles），后来他的体育老师鉴于他体魄强健而前额宽阔，让他取名为柏拉图（在希腊语中，Plato 一词是"平坦、宽阔"的意思）。

柏拉图生于雅典，父母为名门望族之后。母亲是梭伦的第六代后裔。据说他的生日与希腊神话中的太阳神阿波罗相同。当他还是吃奶的孩子的时候，一次，蜜蜂用蜜来喂养了他。这预示着他有杰出的口才，正如荷马所说："谈吐比蜂蜜还要甘甜。"

柏拉图著述颇丰。以他的名义流传下来的著作有 40 多篇，另有 13 封书信。其中有 24 篇和 4 封书信被确定为真品。柏拉图的著作大多是用对话体裁写成的。朱光潜说："在柏拉图的手里，对话体运用得特别地灵活，向来不从抽象概念出发而从具体事例出发，生动鲜明，以浅喻深，由近及远，去伪存真，层层深入，使人不但看到思想的最后成就或结论，而且看到活的思想的辩证发展过程。柏拉图树立了这种对话体的典范……柏拉图的对话是希腊文学中一个卓越的贡献。"

他早年喜爱文学，写过诗歌和悲剧，并且对政治感兴趣，20 岁左右同苏格拉底交往后，醉心于哲学研究。苏格拉底之死，使他对现存的政体完全失望，于是离开雅典到埃及、西西里等地游历，时间长达十多年。公元前 387 年，已届不惑之年的柏拉图回到雅典，在城外西北角一座为纪念希腊英雄阿卡德美而设的花园和运动场附近创立了自己的学校。这是西方最早的高等学府，后世的高等学术机构就因此而得名。学园门口写着："不懂几何学者不得入内。"柏拉图在自己的学园里，聚徒讲学，穷究宇宙真谛。柏拉图学园中有女神雅典娜、把天火偷到人间的普罗米修斯的圣殿。直到公元 529 年被查士丁尼大帝关闭为止，学园维持达九百多年。从希腊历史记述中可以看到，当时希腊半岛上到处种植着葡萄、橄榄树和无花果，可以想象，当初学园里定是林木葱茏、花果飘香，犹如一个大花园。当这些

▲ 表现希腊音乐教育的陶画

柏拉图在《理想国》中强调了教育的重要作用，尤其是美育的重要影响。他主张美育与德育应统一，是德、智、体、美全面发展人的思想的萌芽。

思想巨子们徜徉悠游于丛林之间，驰骋遨游于精神王国之时，西方文化的胚胎实际上已经孕育于他们的心灵之中。

柏拉图一生都对政治抱有很高的热情。他创立学园的目的既是为了学术，也是为了实现他的政治理想——"除非真正的哲学家获得政治权力，或者城邦中拥有权力的人，由于某种奇迹，变成了真正的哲学家，否则，人类中的罪恶将永远不会停止"。针对当时的社会政治状况，柏拉图不仅勾勒出一幅改造现实的理想国家蓝图，而且三赴西西里，企图将这一理想付诸现实，要实现哲学和政治的联姻，产生"哲学王"，但是都以失败告终。

## 美是什么？

柏拉图在他的《大希庇阿斯》中，借着苏格拉底之口专门讨论了美的实在性、美的本质、审美快感等一系列重大的美学问题。这是西方美学史上第一篇专门讨论美学问题的文献。希庇阿斯来自伯罗奔尼撒半岛，是一个著名的智者。全篇对话集中讨论了几个美的定义，但是最后都被苏格拉底给否定了。

### 第一个定义：一个美的少女就是美

这种观点认为，美是具有美的具体属性的事物。认为美就是美的少女、母马、竖琴、汤罐等。而柏拉图认为美是一种可以称为美本身的东西。它加到任何一件事物上，就使那件事物成其为美，不管它是一块石头，一块木头，一个人，一个神，一个动作，还是一门学问。美和美的东西是两码事情，不能混为一谈，美的东西是相对的，而美是绝对的。正如赫拉克利特所说：最美的猴子比起人来也是丑的。依次类推，最美的少女比起神也是丑的。苏格拉底要寻找的是美本身，这种美自身把它的理念加到一件东西上，才使那件东西被称为美。

**第二个定义：黄金就是这种美**

希庇阿斯针对苏格拉底的反驳，提出第二个美的定义。要是把某种东西加到另一种东西，才使得那种东西成为美的话，那黄金正是这样的事物，所以黄金就是这种美。苏格拉底从两个方面反驳了这个观点。镶了黄金的东西并不一定都美，而很多美的东西都与黄金无关。用象牙雕刻的雅典娜也是美的，自然界的石头也是美的，而且就喝汤来讲，实用的木汤匙也比不实用的金汤匙要美。可见美也不是黄金，不是任何能使事物显得美的质料或形式。

**第三个定义：美就是一种物质上或者是精神上的满足**

希庇阿斯又说："对于一个人，无论古今，一个凡人所能有的最高的美就是家里钱多，身体好，全希腊人都尊敬，长命到老，自己给父母举行过隆重的葬礼，死后又由子女替自己举行隆重的葬礼。"苏格拉底驳斥道：我要问的是美自身，这种美自身是超越时空的永恒美，是现在是美的，过去也是美的。征讨特洛伊的希腊英雄阿喀琉斯，就不曾随着祖先葬于自己的城邦。物质和精神上的享受总是短暂的、不断变化的，而美却是永恒的。

**第四个定义：美就是有用、恰当、有益的**

苏格拉底本人就持这样的观点。但是柏拉图在

▲ 美神维纳斯

15

这里借着自己老师之口，驳斥了这样的观点。质朴无华的木汤匙比晶莹华贵的金汤匙更美，因为木汤匙更恰当、有用、有益。按照这种功利主义的观点，人们宁肯去欣赏一个顶用的粪筐，而不愿意去观看五颜六色的悲剧演出了。而且，如果说美是有用、恰当、有益，那么，对坏人恰当、有用、有益，或者坏人认为恰当、有用、有益，是否可以称之为美呢？显然不是这样。美和善不是一回事，不可能用善来给美下定义。美不是善，善也不是美。

**第五个定义：美就是由视觉和听觉产生的快感**

希庇阿斯又提出美就是由视觉和听觉产生的快感。苏格拉底反驳道：的确，美而不引起快感是不可能的，而美所引起的快感大多是借助了视觉和听觉两种器官的。我们欣赏绘画、舞蹈、雕塑就少不了视觉，欣赏音乐、戏曲、诗歌又离不开听觉。但是能否把美与视觉、听觉的快感等同起来呢？显然不能，理由是：第一，有些美，比如习俗、制度的美，并不是纯粹由视觉、味觉、听觉引起的快感。第二，如果美就是快感本身，那么触觉、味觉、嗅觉同样能引起快感，为什么不可以叫作美呢？第三，视觉和听觉两种官能，它们引起的是两种不同的快感，既然如此，其中任何一种快感都不能说是与美同一的。美应该是件具有这两种快感的一种性质。

经过这么讨论，最后得出结论：什么是美是难的。

正如歌德所说：美是费解的，它是一种犹豫的、游离的、闪耀的影子，它总是躲避着被定义所掌握。但是，柏拉图"美本身"概念的提出，把美的探讨从感性领域推进到概念和超验领域，标志着美学史上新的里程碑——本体论美学的萌生。

▲ 公元前 8 世纪古希腊象牙王座
此为修复的象牙王座，上附有金箔。可以说象牙王座是既美而又实用的。

### 美是理式

为了摆脱赫拉克利特的美的相对论所造成的困惑，寻找美自身———一种永恒的美，柏拉图四处求教，接触到智者派的学说。智者派认为人是万物的尺度，依据智者的说法，真、善、美就没有客观的标准了，谁都可以宣布发现真、善、美了。这显然不能满足柏拉图的需要。后来，柏拉图又向巴门尼德求教。巴门尼德认为，世界万物变动不居，不可捉摸，这个是非存在，必定有一个本原的、纯然的、恒定的世界，这个才是真正的存在，真理只能在这里存在。巴门尼德借正义女神之口，指出了真理之路和意见之路的区分：意见之路按众人的习惯认识感觉对象，"以茫然的眼睛、轰鸣的耳朵和舌头为准绳"；真理之路则用理智来进行辩论。"真理"和"意见"是希腊哲学一对重要概念，从巴门尼德最初所做的区分来看，两者不仅仅是两种认识能力，即理智和感觉的区分，而且是与这两种认识能力相对应的两种认识对象的区分：真理之路通往"圆满的"、"不动摇的中心"，而意见却"不真实可靠"。柏拉图深受启发，提出自己的美是理式（idea）学说。

柏拉图的美是理式说可以概括为以下几点：

第一，美的本质不在自然事物，而在理式（如和谐、智慧、至善至美等），理式是自存自在的，因此是永远没有变异和发展的。事物的美是由于

▲ 这是19世纪比利时象征主义画家尚·德维的作品，描绘了柏拉图大约在公元前386年创办了著名的雅典学院，向希腊的年轻人传授有关真理和美学的课程。

理式的参与所形成的。

第二，理式因为其所包含的内容的外延不同，分成许多层次，美也有很多等级。最高的理式是至善至美，它所体现出来的美是绝对的美。最低级的理式只能微弱地看出某种低级理式的事物美，还有很多美是介乎它们二者之间的，比如心灵美、制度美等等。

第三，绝对美事实上是美的本体，是美的最完全体现，至美也是至善。

"这种美是永恒的，无始无终、不生不灭、不增不减的。它不是在此点美，在另一点丑；在此时美，在另一时不美；在此方面美，在另一方面丑；它也不是随人而异，对某些人美，对另一些人就丑。还不仅如此，这种美并不是表现于某一篇文章、某一个学问，或是任何一种个别物体，例如动物、大地或者是天空之类；它只有永恒地自存自在，以形式的整一永远与它自身同一；一切美的事物都以它为源，有了它，一切美的事物才成其为美，但是那些美的事物时而生、时而灭，而它却毫不因之有所增，有所减。"

柏拉图所谓的理式是真实世界的根本原则，原有"范形"的意义。如一个"模范"可以铸出无数器物。例如"人之所以为人"就是一个理式，一切个别的人都是从这个"范"得他的"形"，所以全是这个"理式"的摹本。最高的理式是真、善、美。理式近似佛家所谓的"共相"，似"概念"而非"概念"；"概念"是理智分析综合的结果；"理式"则是纯粹的客观的存在。

## 艺术是模仿

"从荷马起，一切诗人都只是模仿者，无论是模仿德行，或是模仿他们所写的一切题材，都只是得到了影像，并不曾抓住真理。"艺术即模仿是古希腊的传统看法。

柏拉图以它的哲学理式论和审美回忆说为基础，认为艺术是对现实的模仿，然而现实又是对理式的模仿。在柏拉图心中有三种世界，理式世界、感性的现实世界和艺术世界。艺术世界是由模仿现实世界来的，现实世界又是模仿理式世界来的，这后两种世界同是感性的，都不能独立存在。只有理式世界才能独立存在。例如：床有三种，第一是床之所以为床的那个床的理式；其次是木匠按照床的理式所制造出来的个别的床；第三是画家模仿个别的床所画出的床。这三种床之中只有床的理式是永恒不变的，为一切个别的床所依据，只有它才是真实的。木匠制造出的个别的床，虽然是根据床的理式，却只模仿床的某些方面，受到时间、空间、材料、用途等种种限制。这个感性的床是没有永恒性和普遍性的，所以也是不真实的，只是一种摹本或幻象。至于画家所画的床虽

▲从柏拉图的那个时代到现在，一直有各种各样表现柏拉图的画像。这幅壁画绘于16世纪的罗马尼亚修道院，柏拉图（中）与数学家毕达哥拉斯、雅典伟大的改革家和执政官梭伦在一起。

然是根据木匠的床，但是模仿的却只是从某个角度看的床的外形，不是床的实体，所以更不真实，只能是摹本的摹本、影子的影子，和真理隔着三层。

　　柏拉图对艺术持否定态度，认为艺术渎神，给人的放任和纵情提供机会和理由，要把那些模仿诗人和艺术家从他的理想国里驱逐出去。另一方面，鼓励和管理那些生产有益于儿童和青年的艺术家。其实在柏拉图心中，艺术应该为他的理想国服务，这与他的哲学观点分不开。他认为人生的最高理想是对最高的、永恒的理式或真理的凝神观照，这种真理才是最高的美，是没有感性形象的美，观照时的无限喜悦便是最高的美感。所谓的以美为对象的学问并不是现代意义上的美学，在这里，美与真同义，所以它是哲学。但是，正如鲍桑葵所说："在柏拉图的著作中，我们既可以看到希腊人关于美的理论的完备体系，同时也可以看到注定要打破这一体系的一些观念。"

# 古希腊美学的集大成者

## ——亚里士多德

最博学的人——亚里士多德（公元前 384 ~ 前 322）出生于色雷斯地区的斯塔吉拉城，父亲为马其顿国王的宫廷医生。受父亲的影响，他从小就对医学、解剖学、生物学很感兴趣。

公元前 367 年仲夏的一天，一个态度温和、举止文雅、彬彬有礼的富家贵族青年来到雅典柏拉图学园，拜柏拉图为师。这位年仅 17 岁的青年上知天文，下知地理，博古通今，才华横溢。他就是后来对欧洲文化产生深远影响的大思想家亚里士多德。

在柏拉图学园，亚里士多德一学就是二十年，被誉为"学园的精英"，直到柏拉图死后，才离开雅典。公元前 343 年，马其顿国王腓力二世慕亚里士多德之名，邀请他去担任时年 13 岁的王子亚历山大的老师。腓力二世在给亚里士多德的信中说："我有一个儿子，但我感谢神灵赐我儿子，还不若我感谢他们让他生于你的时代。我希望你的关怀和智慧将使他配上我，并无负于他未来的王国。"七年之后，亚历山大即位。亚历山大大帝保持着对亚里士多德的尊重，在东征的繁忙军务之中，仍不忘为亚里士多德搜集植物标本，差遣上千名奴隶为他的科学研究服务。

公元前 335 年，他回到雅典，在阿波罗吕克昂神庙附近建立吕克昂学园。他习惯在一条林中小道上一边散步，一边与学生们讨论他的三段论，"我们希腊人有个很有趣的谚语：如果你的钱包在你的口袋里，而你的钱又在你的钱包里，那么，你的钱肯定在你的口袋里，这不正是一个非常完整的'三段论'吗"。人们通常把亚里士多德开创的学派称为

▲亚里士多德美学思想的影响之大超越了时代和流派，他的《诗学》被认为是西方美学重要的奠基之作。

逍遥派，正如他所说："智慧并没有跟随柏拉图一起死去。"从此开始了他用知识征服世界的生涯。

亚历山大大帝十分尊敬他的老师，他说："生我身者是父母，生我智慧者是亚里士多德。"他大力支持亚里士多德办学，提供经费，让亚里士多德进行科学研究。亚里士多德在学园里创建了欧洲第一个图书馆，其中珍藏了许多自然科学和法律方面的书籍。亚历山大还命令全国的猎人、园丁和渔夫，都必须贡献出亚里士多德所需要的动、植物标本。亚里士多德在生物学领域内的最大贡献是在对动物所做的观察和分类上。亚里士多德创建了许多哲学和科学的术语，我们今天谈科学时几乎仍离不开他所发明的专门术语，如格言、范畴、能力、动机、终点、原理、形式、逻辑等等。

亚里士多德一生写过 400 部著作，虽然已遗失不少，但保留下来的书仍然非常丰富。他的著作涉及政治学、物理学、医学、心理学、逻辑学、伦理学、历史学、天文学、数学、生物学、戏剧学、诗学等方面。亚里士多德集中古代知识于一身，在他死后几百年中，没有一个人像他那样对知识有过系统考察和全面掌握。他的著作是古代的百科全书。恩格斯称他是"最博学的人"。1923 年，英国著名哲学家、亚里士多德学者罗斯说："亚里士多德思想的真谛已成为所有受过教育的人的文化遗产的一部分，并且是相当大的一部分。"

公元前 323 年夏天，亚历山大大帝在巴比伦病逝。雅典人反马其顿情绪激昂，殃及亚里士多德，他的学说也被指控犯有"不敬神"的罪名。他说，为了不让雅典人再犯"反哲学"的罪（指雅典人宣判苏格拉底死刑），他宁愿离开。亚里士多德的学生及时得到消息，帮助护送他们的老师，逃出雅典，来到亚里士多德的故乡优卑斯亚岛的卡尔喀斯城避难。第二年夏天，这位伟大的思想家、哲学家在凄凉的境遇中死去，时年 63 岁。

### 吾爱我师，但吾更爱真理

亚里士多德对其师柏拉图充满崇敬之情，在悼念诗文中写道："对于这样一个奇特的人，坏人连赞扬他的权利也没有，他们的嘴里道不出他的名字。正是他，第一次用语言和行动证明，有德性的人就是幸福的人，我们之中无人能与他媲美。"虽然如此，亚里士多德不盲目崇拜老师。他有一句名言："吾爱我师，但吾更爱真理。"

亚里士多德出于对事实的尊重和力求简明透彻的理解，他发现柏拉图的理念论存在着矛盾和混乱。按照柏拉图的看法，理念是事物的本质，每一类共同的事物都有一个理念，理念因此也是事物的共性。理念是与具体事务相分离的，是独立于具体事务的。在具体事务之外又形成了一个理念的世界。这样就会出现一个逻辑困难。比如，现实中的苏格拉底，理念世界中还有一个苏格拉底的理念存在，现实中的苏格拉底会老、会死的，但是理念中的苏格拉底是不死的。如果我们想认知苏格拉底的本质，那么在现实中的苏格拉底是分有了理念中的苏格拉底。在这个理念和具体的苏格拉底之间有一个第三人，依次类推，这样就会陷入无穷的倒退之中，而这个是矛盾的。这样，亚里士多德就对自己的老师进行了批判，提出自己的哲学观点，认为一般就在个体之中，一般是不能脱离开具体事物而存在的。这样亚里士多德就为其美学理论奠定了一个哲学基础。作为一般的美是不能脱离具体的、现实的事

▲ 雅典学院

此壁画是拉斐尔为梵蒂冈教皇宫殿所绘。图中柏拉图和亚里士多德师徒正在门厅闲谈，其他不同地域和不同学派的著名学者在自由地讨论。画面以柏拉图与亚里士多德为中心，而这师生二人同是历史上最伟大的思想家。

物而独立存在，美应该是事物的属性，并存在于具体事物的本性之中。事物的美，就在于它本身具有美的特征。

亚里士多德认为的美是秩序、匀称与明确，即事物的整一性。"一个美的事物——一个活东西或一个由某些部分组成之物，不但它的各部分应有一定的安排，而且它的体积也应有一定的大小；因为美要依据体积与安排，一个非常小的东西不能美；因为我们的观察处于不可感知的时间内，以致模糊不清；一个非常大的活东西，例如一个一千里长的活东西，也不能美，因为不能一览而尽，看不出它的整一性（wholeness）。"美也就是整一性。一个完善的整体之中各个部分须紧密结合起来，如果任何一部分被删去或移动位置，就会拆散整体。因为一件东西既然可有可无，就不是整体的真正部分。"秩序、匀称和明确就是整一性。"整一性是美的事物的标志，也是艺术作品的标志。"美与不美，艺术作品与现实事物，分别就在于美的东西和艺术品里，原来零散的因素结合成为统一体。"

亚里士多德的诗学就是研究文艺的美学，是他的哲学的有机组成部分。他把学问做了分门别类的研究，将美学作为一门独立的学问，归入他称为的"创制知识（poeisis）"。诗即是艺术创造，艺术属于创制的知识，它不同于理论知识和实践知识，是以塑造形象的方式再现特殊事物，从中显示普遍的活动、情感和意义的。

"美是善并因善而令人愉悦的东西。"但是美又不同于善。美非同利益相关而且具有超出日常行为的、变化事物的某种确定、普遍的意义。亚里士多德说：显而易见，诗人的职责不在于描述已发生的事，而在于描述可能发生的事情，

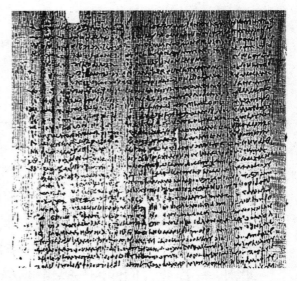

▲亚里士多德的作品在当时很快就传遍了整个地中海世界，这是在草纸上保存下来的唯一的手稿的一页。

23

即按照可然律或必然律可能发生的事。历史学家与诗人的差别不在于一用散文，一用韵文；希罗多德的著作可以改写成韵文，但仍然是一种历史，有没有韵律都是一个样。两者的差别在于一个叙述已发生的事，一个描述可能发生的事情。因此诗歌所描述的活动比写历史更富于哲学意味，更被严肃对待；因此诗歌所描述的事物带有普遍性，历史则叙述个别的事。

亚里士多德认为艺术产生于模仿。他认为人天生有模仿的本能，人固有音调感、节奏感等美感能力。亚里士多德没有像他的老师柏拉图那样认为诗是来自于灵感，他认为模仿是人的一种求知能力，正是由于这一点，人和其他动物区别开来。模仿不是依葫芦画瓢，照猫画虎和猴子学人那样，不是一种消极直观的映像，而是一种对普遍性和必然性的揭示，是发现事物的真理和本质的活动。

希腊哲学家对艺术中的模仿，有着不同的解释和界定。毕达哥拉斯认为美是对数的模仿；苏格拉底说绘画、雕刻之类的艺术不但模仿美的形象，而且可以借形象模仿人的情感、性格。柏拉图认为模仿是分有理念。而亚里士多德认为："一般说来，诗的起源仿佛有两个原因，都是出于人的天性。人从孩提的时候起就有模仿的本能（人和禽兽的分别之一，就在于人最善于模仿，他们最初的知识就是从模仿得来的），人对于模仿的作品总是感到快感。经验证明了这样一点：事物本身看上去尽管引起痛感，但惟妙惟肖的图像看上去却能引起我们的快感，例如尸首或最可鄙的动物形象（其原因也是由于求知不仅对哲学是最快乐的事，对一般人亦然，只是一般人求知的能力比较薄弱罢了。我们看见那些图像所以感到快感，就因为我们一面看，一面在求知，断定每一事物是某一事物，比方说，这就是那个事物。假如我们从来没有看见过所模仿的对象，那么我们的快感就不是由于模仿的作品，而是由于技巧或着色或类似的原因）。模仿出于我们的天性，而音调感和节奏感（至于韵文则显然是节奏的段落）也是出于我们的天性，起初那些天生就富于这种资质的人，使它一步步发展，后来就由临时口占而做出诗歌。"

### 悲剧——净化人们怜悯与恐惧的情绪

亚里士多德说："悲剧是对一个严肃、完整、有一定长度的行动的模仿；它的媒介是语言，具有各种悦耳之音，分别在剧的各部分使用；模仿的方式是借人物的动作来表达，而不是采用叙述法，借引起怜悯与恐惧来使这种情感得到陶冶。"这就是说，首先，悲剧的模仿不是像绘画、雕刻、音乐那样是对姿态、颜色、声音的模仿，而是对动作的模仿。虽然性格是人物的品质的决定因素，悲剧中没有行动则不成为悲剧，但是没有性格，仍然不失为悲剧。在这种模仿的行动中，悲剧就可以以直观的形式诉诸于人们的感官，也就是说，即使是模仿众神，也要把它们打扮成观众感官所能直接感受的样子。其次，悲剧是对一个严肃的行动的模仿。"模仿者所模仿的对象既然是在行动中的人，而这种人又必然是好人或坏人——只有这种人才具有品格。一切人的品格都只有善和恶的差别。"

悲剧主人公的性格必须是善良的、高贵的，因为悲剧是模仿好人，喜剧是模仿坏人。这样，一个人遭受不应遭受的厄运才能引起观众的怜悯。要是单纯的恐惧或者可怜，不会引起悲剧所特有的恐惧和怜悯之情。因为主人公自身是高尚的，而又比一般人陷入了不应有的厄运，这样不能不使我们感到可怜；同时他的行动是悲惨的，又不能不使我们感到恐惧。人们正是在这种怜悯和恐惧交错而生的激情中才体会到悲剧作品的严肃性，才能使情感得到净化和陶冶。

"恐惧是由这个遭受厄运的人与我们相似而引起的。"这就是说，悲剧主人公的性格必须与我们平常人相似，应该与我们普通人的性格和习性相近，"这样的人不十分善良，也不十分公正，而他之所以陷入厄运，不是由于他为非做歹，而是由于他犯了错误，这种人名声显赫，生活幸福，例如俄狄浦斯、提厄斯特斯以及出身于他们这样家族的著名人物。"再次，悲剧是借助动作来表达的。悲剧的成分一共有六种，就是情节、性格、言辞、思想、歌曲、形象。而情节，即动作，是悲剧的基础和灵魂。悲剧的好坏，主要看它的情节安排得是否成功。

亚里士多德认为悲剧激起怜悯和恐惧，从而导致这种情绪的净化。什么是净化呢？亚里士多德举例说："一些人沉溺于宗教狂热，当他们听到神圣

▲ 司芬克斯之谜　陶瓶画

索福克勒斯的著名悲剧《俄狄浦斯王》首先展示了一个恐怖场面。聪明的俄狄浦斯在成功解开了司芬克斯之谜之后，得以娶底比斯寡后为妻，并成为那里的国王，悲剧也由此上演。

庄严的旋律时，灵魂感受神秘的激动；我们看到圣乐的一种使灵魂恢复正常的效果，仿佛他们的灵魂得到治愈和净洗。那些受怜悯、恐惧及各种情性影响的人，必定有相似的经验，而其他每个易受这些情感影响的人，都会以一种被净洗的样式，使他们的灵魂得到澄明和愉悦。这种净化的旋律同样给人类一种清纯的快乐。"

总之，无论是在宗教的"净罪"含义的基础上，还是在审美意义上，净化都是使观众淡化甚至忘却自己的日常存在，融于悲剧所提供的艺术经验之中，摆脱或宣泄不良的或不必要的情感沉积，以达到保持灵魂纯洁平静，起到灵魂和道德上的促进作用。

# 神才是美的来源

新柏拉图主义的创始人普洛丁（204～270）是古代伟大哲学家中的最后一个人。他的一生几乎是和罗马史上最多灾多难的一段时期相始终的。

那时形而上学隐退到幕后去了，个人的伦理变成了具有头等意义的东西。普洛丁为摆脱现实世界中的毁灭与悲惨的景象，转而去观照一个善与美的永恒世界。这个永恒的世界，对于基督教徒来说，即"另一个世界"——便是死后享有的天国；对柏拉图主义者来说，它就是永恒的理念世界，是与虚幻的现象世界相对立的真实世界。正是基于这样的世界观，普洛丁认为自己此时此地的存在是无关重要的，所以他很不愿意谈自己一生的历史事迹。

他说他生于埃及，青年时在亚历山大港求过学，他的老师就是通常被人认为是新柏拉图主义的创立人的安莫尼乌斯·萨卡斯。此后他参加了罗马皇帝高尔狄安三世对波斯人的远征，据说是意在研究东方的宗教。公元244年，他在美索不达米亚作战的时候，皇帝当时还是一个青年，不久就被军队谋杀了。于是普洛丁便放弃了自己的东征计划而定居于罗马，并且不久便在罗马开始教学。他在罗马的生活方式是很特别的，遵守着古代毕泰戈拉派的习惯，不吃荤，常常斋戒；还穿着古代毕泰戈拉式的服装。他被各个阶层尊为公众的教师。普洛丁一直到49岁都没有写过什么东西；但是此后他写了很多东西，在死后，由其弟子波菲利汇编成六卷，每集九章，名为《九章集》，并根据各章内容加上标题。第六篇是论美。

普洛丁没有建立可以称之为"美学"的体系，但其思想中融入了对美和艺术的思考，这些思考构成了他的美学思想。其美学思想又依附于他的神秘主义哲学。

普洛丁认为"太一"（One），就是至善和神。太一是完满自足的统一体，因其完善而要流溢，就像太阳一样。太一创造出第二原理心智（Psyche），心智是最高的存在，是理念的领域。心智因为完善发生第二次流溢，产生第三原理灵魂（Soul）。第一灵魂或世界灵魂流溢出第二灵魂，第二灵魂与世界的躯体相结合，产生了分有的灵魂，就到了超感觉世界的最低界限。

▲ 普洛丁大理石棺雕像  梵蒂冈博物馆
普洛丁并不信奉基督教，但他的异教思想仍得到基督教认可。

当个别的灵魂再进一步下降，就形成最不完善的东西即物质。这一过程也是太一的神派生出全体存在物的过程，太一的完善性呈梯级递减的方式，它流溢的最远界线是物质，物质位于存在与非存在的交界之处，太一的光辉最后消失在非存在的黑暗之中。神的完满性正如太阳的光辉一样，放射越远就越暗淡，以至变成黑暗无光。这个就是太一的下降之路，反之就是太一的上升之途。由于灵魂沾染了杂质，要依靠净化，回到出来的地方，归于完满的太一。

基于这样的哲学观点，普洛丁认为神才是美的来源，凡是和美同类的事物也都是从神那里来的。美有层次之分，由高到低是：神（最高的美）、心灵美、事物的美。

神之美是远居于事物美和心灵美之上的最高美。神或理式是真善美的统一体。"美也就是善"。"丑就是原始的恶"，心灵美是人之理性和品德之美，是比事物之美高而比神之美低的美。心灵由理性而美，其他事物——例如行动和事业——之所以美，都是由于心灵在那些事物上印上它自己的形式。使物体能称为美的也是心灵。作为一种神圣的东西，作为美的一部分，心灵使自己所接触到而且统辖住的一切东西都变成美的——美到它们所能达到的限度。这里我们看到普洛丁已经接触到美是来自主观的。事物的美是由于分享一种来自神明的理式而得到。事物的美在于："一件

▲ 西斯廷圣母　拉斐尔　意大利

西斯廷圣母的美让我们感受到了审美的终极——神之美。画中圣母的形象体现了真、善、美的统一。

东西既化成为整一体了，美就安坐在那件东西上面，就使那东西各部分和全体都美。"

正如普洛丁所说，美是由一种专为审美而设的心灵的功能去领会的。灵魂要领略那最高的美，实现上升，也就是回归之途。倘若你看见自己变成了这种光辉，你就会立刻变成你所见的景象，只有你相信自己，而你虽然身在尘世，其实已经升到上界，无须任何引路人，只要你凝神注视去观照。因为只有这种眼睛，才能观照那伟大的美。但是如果这眼睛蒙上了罪恶的污垢，不曾经过洗濯便去观照，或者是软弱无力，不能注视那强烈的光芒，即使有人把可见的东西放在面前，它还是视而不见。因为必须是视觉主体近似或符合视觉对象之后才能观照。如果眼睛还没有变成像太阳，它就看不见太阳，如果心灵还没有变得美，它就看不见美，所以，无论何人，如果有心要观照神和美，都要首先自己是神圣的和美的。

普洛丁认为我们审美的最终就是要上升到太一（善、神）。什么人能达到那里呢？普洛丁认为是哲学家，爱乐者和爱美者。哲学家喜欢这条路是出于本性，爱美者和爱乐者需要外在的引导，从而凭借感性美逐渐达到认识理性美、心智美、美的理念和神之美。从个别的美开始，一级一级逐步上升，直到普遍的美，最后直到美自身。

对于新柏拉图主义的奠基人普洛丁的美学思想的研究，国外学者评价不一。如鲍桑葵认为他是继柏拉图、亚里士多德之后的美学理论更加完整的美学家；文德尔班也肯定他是西方古代美学史上"第一次对形而上学美学的尝试"。普洛丁既是一个终结又是一个开端——就希腊人而言是一个终结，就基督教世界而言则是一个开端。

## 老庄倡导天然之美

中国哲学史、中国美学史应该从老子开始。

老子是道家学派的创始人，同时也是道家美学思想的奠基者。他对中国古代美学的发展做出了独特的贡献。

作为影响中国文化两千多年的老子，他的生平史载不多，老子活动的时期为公元前6世纪左右。据司马迁《史记》记载，老子姓李，名耳，字聃，楚国苦县历乡曲仁里人，据史家考证，苦县历乡曲仁里即现在河南省鹿邑县太清宫镇。老子曾任周守藏室之史，后又为柱下史，通晓古今之变。

"老子修道德，其学以自隐无名为务。居周久之，见周之衰，乃遂去。至关，关令尹喜曰：子将隐矣，疆为我著术。于是老子乃著书上下篇，言道德之意五千余言而去，莫知其所终。"老子修道德，其学以自隐无名为务。因见周朝衰落，就骑青牛离去，在函谷关应关令尹喜的请求，著书五千余言，言道德之意，这就是后世流传的《道德经》，又名《老子》，字数虽不多，却句句经典，后世对它的注释、论著汗牛充栋。司马迁在总结道家思想时说："其实易行，其辞难知，其术以虚无为本，以因循为用。"

《道德经》的作者之所以被称为"老子"，大概首先是因为他年老，长寿。司马迁曰："盖老子百有六十余岁或言三百余岁，以因修道而养寿也。"

老子思想中没有独立的美学体系，老子的哲学和美学是完全融为一体的，或者说其审美观只是其哲学理论的延伸。从老子哲学可以推知老子的审美观，老子认为美本于道，以道为美。美是老子所追求的最高境界，并将其与作为最高实体的"道"有机地结合起来，达到了对人性自然本真状态的理想追求。

老子在中国哲学史上最早提出"道"这个概念，"道"不仅是道家哲学的最高范畴，而且成了以后整个中国哲学的最高范畴。

"道"是老子哲学和美学思想的最高和核心范畴。无论是道家之"道"，还是儒家之"道"，都是在形而上即超越于具体事物之上的意义上讲的。"形而上者谓之道，形而下者谓之器。"

▲ 老子出关图　明

关于"道"，老子曾作过多种解释，大致有三方面的含义：道为无形无象的"无"；道是普遍法则；道为混成之物。

老子的道是宇宙本体："道生一，一生二，二生三，三生万物。""万物负阴而抱阳，冲气以为和。有物混成，先天地生。寂兮寥兮，独立而不改，周行而不殆，可以为天地母。吾不知其名，强字之曰道，强为之名曰大。大曰逝，逝曰远，远曰反。"

道是无形无象的："视之不见，名曰夷；听之不闻，名曰希；搏之不得，名曰微；此

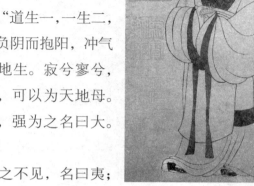

▲ 老子像

三者不可致诘，故混而为一。其下不昧；绳绳不可名，复归于无物。是谓无状之状，无物之象，是谓惚恍。"因此，老子说："道可道也，非恒道也；名可名也，非恒名也。""无，名天地之始；有，名万物之母。故常无，欲以观其妙；常有，欲以观其徼。此两者，同出而异名，同谓之玄。玄之又玄，众妙之门。"

道既不是万物之一物，那么，它的规定性就只能从"与物反"的角度，从与万物相对的方面给出。"反者，道之动"。《老子》的"道"是从与感性万物相反，通过对感性万物的否弃获得的。"道"就被规定为"无状之状、无象之象"，"寂兮寥兮"，"视之不见"，"听之不闻"，"搏之不得"的；物质层面的东西是变幻无常的，"道"是"独立而不改，周行而不殆"的永恒之物；经验层面上要用知、欲、为去对待，那么"道"就只能用愚、寡欲、无为去对待。

老子多次以水为例子来说明"道"："天下莫柔弱于水，而攻坚强者莫之能胜，其无以易之也。弱之胜强，柔之胜刚，天下莫不知，莫能行。""上善若水，水善利万物而不争，处众人之所恶，故几于道。居善地，心善渊，与善仁，言善信，政善治，事善能，动善时。夫唯不争，故无尤。""江海所以能为百谷王者，以其善下之，故能为百谷王。"老子看来，水有"不争"的

善德，而"天下莫能与之争"。效法水就是效法"自然"的一种表现。"自然"的关键不在于"是什么"而在于"不是"什么。

老子认为"天得一以清，地得一以宁，神得一以灵，谷得一以盈，万物得一以生，侯王得一而以为天下正。"这个"一"就是"道"，可以理解为是一种整体美。

"道法自然"是老子美学所提出的一个基本命题。在老子看来，最自然的即是最美的，最高的审美标准和审美境界就是要合乎自然之道，体现自然无为。

"自然"一词最先出现在《老子》中，是《老子》首创的概念。"自然"的观念是老子哲学的基本精神。

"人法地，地法天，天法道，道法自然。"这里的"自然"具有两层含义，一是现实淳朴的自然界，一是自然而然的审美状态。既然"道"无从解释，那么作为"道"性之"自然"也是无法解释的。自然，其端兆不可得而见也，其意趣不可得而睹也。法自然者，在方而法方，在圆而法圆，于自然无所违也。自然者，无称之言，穷极之辞也。

老子追求的是一种"复归于朴"的状态："见素抱朴，少私寡欲，绝学无忧"的自然纯朴状态的美。反对违背淳朴自然的虚饰华美之美，而主张返璞归真的自然而然之美。"我无为而民自化，我好静而民自正，我无事而民自富，我无欲而民自朴。"老子所醉心的理想社会是："子独不知至德之世乎……当是时也，民结绳而用之，甘其食，美其服，安其居，乐其俗。邻国相望，鸡犬之声相闻，民至老死不相往来。"

对于美，老子也持为学日益、为道日损的态度："天下皆知美之为美，斯恶已；天下皆知善之为善，斯不善已。故有无相生，难易相成，长短相形，高下相倾，音声相和，前后相随，恒也。"

老子强调人与自然的和谐，反对过分的感官享受。他说："五色使人目盲，五音使人耳聋，五味使人口爽；驰骋田猎使人心发狂，难得之货使人行妨，是以圣人，为腹不为目。故去彼取此。"

庄子继承和发展了老子和道家思想。《史记》说："其学无所不窥，然其要本归于老子之言……明老子之术……故其著书十余万言，大抵率寓言也……其言汪洋自恣以适己，故自王公大人不能器之。"

庄子，名周（约公元前369～前286），宋国人，今河南商丘东北，与梁惠王、齐宣王同时代。战国时期哲学家。代表作《庄子》，这本书又被称为《南华经》，阐发了道家思想的精髓，对后世产生了深远影响。

据《庄子》记载，庄子住在贫民区，生活穷苦，靠打草鞋过活。有一次他向监河侯借粟，监河侯没有满足他的要求。还有一次，他穿着有补丁的布衣和破鞋去访问魏王，魏王问他何以如此潦倒，庄子说：我是穷，不是潦倒，是所谓生不逢时。他把自己比作落在荆棘丛里的猿猴，"处势不便，未足以逞其能也"，说自己"今处昏上乱相之间"，没有办法。

庄子认为"道"是一切美的根源。庄子认为道的根本特征在于自然无为，并不有意识地追求什么目的，却自然而然地成就了一切目的。人类生活也应当一切纯任自然，这样就能超于一切利害得失的考虑之上，解除人生的一切痛苦，达到一种绝对自由的境界。这种与"道"合一的绝对自由境界，在庄子看来就是唯一的真正的美。"若夫不刻意而高，无仁义而修，无功名而治，无江海而闲，不道引而寿，无不忘也，无不有也，澹然无极而众美从之。"

▲ 老子授经图轴　清　任颐　纸本

本图根据老子授经尹喜的故事绘制。尹君，春秋末人，为函谷关吏，故又称关尹。某日，尹喜见城外有紫气东来，知是仙人将至，便整衣冠急急来至城门外守候。不久老子骑青牛而至。尹喜于牛前跪拜，希望老子有所传授。老子见其诚恳，便授《道德经》五千余言。后尹喜随老子西去，不知所终。

庄子美学是一种以"道"为本的人格理想美学，是一种自然无为的飘逸出世的美学。张岱年说："中国哲人的文章与谈论，常常第一句讲宇宙，第二句便讲人生。更不止此，中国思想家多认为人生的准则即是宇宙之根本，宇宙之根本便是道德的标准；关于宇宙的根本原理，也即是关于人生的根本原理。所以常常一句话，既讲宇宙，亦谈人生。"

庄子思想发源于对人的精神自由（逍遥）的追求。"逍遥"一词虽然最早见于《诗经》中"二矛重乔，河上乎逍遥"之句，但作为哲学概念使用，却始于《庄子》，它的内涵也不同于《诗经》中的"逍遥"。从《逍遥游》来看，"逍遥"在这里是指超凡脱俗、不为身外之物所累的心理状态和精神境界，近乎我们今天所说的"绝对自由"。追求"逍遥"是庄子人生哲学的主要内容，也是整个庄子思想的核心。

庄子追求的就是逍遥，一种自由超脱的人生境界，是一种"无待"之境，是独与天地精神往来的生命状态。《逍遥游》说，大鹏、小鸠和列子等都有所待，所以都称不上绝对的自由，真正获得自由的"至人"是无所待的，这样的至人超脱于是非、名利、生死之外，进入"天地与我并生，万物与我为一"的神秘境界，追求的是"与天地精神往来而不敖倪于万物"的精神。

他描写的凌驾于天地万物之上而无待逍遥的"圣人"寄托了他对自由人生的向往。《逍遥游》中描写道："乘天地之气，御六气之辨，以游无穷……乘云气，御飞龙，而游乎四海之外……游乎尘垢之外。"这都是他心中理想形象的生命状态：自在而逍遥的状态。其放荡旷达之心，最为突出的体现就是，他妻子死了，他不悲伤，反而鼓盆而歌。这昭示的是庄子对生死的深彻解悟与超脱。

庄子认为，美存在于天地之中，

▲ 庄子像

庄子是继老子之后，战国时期道家学派的代表人物，同时他也是一位优秀的文学家、哲学家。庄子的美学思想是对老子美学思想的发展，其核心是提倡自然本色之美。

即存在于大自然之中。他说：

彼民有常性，织而衣，耕而
食，是谓同德；一而不党，命
曰天放。故至德之士，其德填
填，其视颠颠，当是时也，山
无溪遂，泽无舟梁；万物群
生，连属其乡；禽兽成群，草
木遂长。同与禽兽居，族与万

▲《庄子》书影

物并，恶乎知君子小人哉！庄子认为，先民在自然怀抱中耕织衣食，与花草
树木并生共存，与飞禽走兽和谐相处，大自然赋予人生命活动的自由，完全
不知道有什么世俗之争、君子小人之别，这才真正符合人之自然本性，见出
自然之美。而圣人以仁义理智毁灭了无为之道、淳朴之风，也就损害了大自
然的和谐朴素之美。要保持自然美，就不要人为地用仁义理智去干扰和违背
自然规律，而要以自然规律即所谓"道"为法则，为行为规范。圣人如果经
过"去甚、去奢、去泰"之"为"就可达到"不为"之目的；如果能"执大
象"，执"无象之象"，"则天下自往归之"，即到达"无为"之境，从而"天
下皆归于无为矣"。

　　庄子高扬自然之道，提出"天地之美"。"天地有大美而不言，四时有明
法而不议，万物有成理而不说。圣人者，原天地之美而达万物之理，是故至
人无为，大圣不作，观于天地之谓也。"这种美与万物的自然本性相通，广
而无边，深不可测，故称之"大美"。天地自然直接体现了道的根本特性，
因此它是"大美"的事物。

　　"天地之美"的本质就在于它体现了"道"的自然无为的根本特性，"无
为而无不为"是"天地之美"的根本原因。庄子主张顺物之性，尊重个性发
展，反对人为的束缚，"天下有常然。常然者，曲者不以钩，直者不以绳，
圆者不以规，方者不以矩，附离不以胶漆，约束不以索"。这就是说，天下
万物各有常分，应顺物之性，任其天然发展。

　　庄子《养生主》篇说："泽雉十步一啄，百步一饮，不蕲畜乎樊中，神虽王，不善也。"《马蹄》篇说："马，蹄可以践霜雪，毛可以御风寒，龁草饮水，翘足而陆，此写之真性也。虽有义台路寝，无所用之。"庄子的意思是说，无论是泽雉，还是马，它们任于真性，狂放不羁，俯仰于天地之间，逍遥自得之场，不祈求"畜乎樊中"，不祈求"义台路寝"，真有怡然自得之乐。

庄子以自然为自由。庄子强调用自然的原则反对人为，得出了他关于物性自由的著名论断："牛马四足，是谓天，落马首，穿牛鼻人。故曰：无以人灭天，无以故灭命，无以得殉名。"万物按其自性成长就是自由，如果加上人力的钳制，那就是对其自由本质的悖逆。像鲦鱼的从容出游、骏马的龁草饮水，翘足而陆，草木在春雨时节的怒生，这些形形色色的生存方式，一方面是其自由之乐的显现，另一方面也是其本真之性的率然流露。他认为自然的一切都是美好的，人为的一切都是不好的。

在庄子眼中，自然是富有情感的生命体，它可以和人的情感对应往来。他感悟人与自然的交融浑化。著名的"庄周梦蝶"和"濠梁观鱼"的寓言，表明了庄子在与自然万物"神与物游"的过程。所以，"昔者庄周梦为蝴蝶，栩栩然蝴蝶也，自喻适志与！"不知何者为庄，何者为蝶，交融互化，浑然为一；"鲦鱼出游从容，是鱼之乐也。"以物之心度物之情，感受天地万物的喜怒哀乐。

道家美学是建立在自然之道基础上，以真与美的一致为最高的审美理想和艺术追求的。庄子提出的"法天贵真"的美学思想就继承并深入发展了老子的真与美相统一的自然主义审美观。老子以"贵真"为特色的自然主义审美观，开创了中国美学史上注重真与美相统一的道家美学传统，对中国古代艺术和审美观产生了重大的影响，使尚自然纯朴、贵真美实情、主写真去伪成为了中国古代文学艺术和审美活动中所普遍竭力追求的最高审美理想。

在审美方式上，《老子》中提出"涤除玄览"，要排除主观欲念和主观成见，保持内心的虚静，这样才能观照宇宙万物的变化及其本原，才能体悟到"道"之"大美"。

"涤除玄览，能无疵乎？"涤是洗垢、扫除尘埃，涤除是洗净心灵的意思。"玄览"原为"玄鉴"，指明澈洁净的心境，"涤除玄览，能无疵乎"即指经常洗涤心镜，清除杂念，摒弃成见，保持澄明清澈，无纤无尘，以朗照万物，体悟玄机。"览"字即古"鉴"字。古人用盆装上水，当作镜子，以照面孔，称它为鉴。《庄子·天道篇》也直接把圣人之心比作"鉴"，"圣人之心静乎，天地之鉴，万物之镜也。"

老子提出"玄览"观的目的在于得"道"。老子要求"营魄抱一"、"专气致柔"，就是追求一种形神合一、凝神静气、虚静无为的精神状态，核心是"虚静"。"虚"，虚无。老庄认为，道的本性就是"虚无"，正因为虚无，才能产生天地万物。"静"，老子说："夫物芸芸，各复归其根。归根曰静，静曰复命。""复其性命之本真，故曰复命。"虚静，合而言之就是指心境清除了人欲与外界干扰，合于自然之道的空明宁静的状态。因为"心有欲者，物过而目不见，声至而耳不闻。"至"虚静"无为、顺其自然的心态，也就可以"玄览"万物了，所以老子说："致虚极，守静笃，万物并作，吾以观复。夫物芸芸，各复归其根，归根曰静。"王弼注云："以虚静观其反复，凡有起于虚，动起于静，故万物虽并动作，卒复归虚静，是物

▲ 庄周梦蝶图　元　刘贯道

《庄子·齐物论》曰："昔者庄周梦为蝴蝶，栩栩然蝴蝶也，自喻适志与！不知周也。俄然觉，则蘧蘧然周也。不知周之梦为蝴蝶与，蝴蝶之梦为周与？周与蝴蝶，则必有分矣。此之谓'物外'。""庄周梦蝶"在后世成为文人士大夫热衷表现的题材。上图人物线条高古，构图严谨，刻画了庄周闲适的情性。

之极笃也。"

"虚静"则是"道"的本体存在的一种形态，即"道冲"（冲即虚空）。庄子认为"夫虚静恬淡寂寞无为者，天地之本，而道德之至"。"虚静恬淡，寂寞无为"是万物之本，是生命底蕴的本原状态，同时也是美之本。"素朴"是一切纯任自然之义，是"虚静恬淡，寂寞无为"的表现。庄子及其学派认为自然天成、无欲无为是天下之大美，恰好从最根本的意义上素朴而深刻地抓住了美之为美的实质。

庄子全面地继承了老子的主张，提出了著名的"心斋"、"坐忘"式的"虚静"观点，他在《庄子·天道》中说："水静犹明，而况乎精神！圣人之心静乎！天地之鉴也，万物之镜也。""言以虚静推于天地，通于万物。"认为心虚静如天地之镜，方能"通于万物"。圣人之心不存欲、智、成见，虚静如镜，就能朗照万物而不受任何牵累。"虚"："夫心有敬者，物过而目不见，声至而耳不闻也"；"静"："毋先物动，以观其则，动则失位，静乃自得"。韩非说："虚则知实之情，静则知动之正。""虚"、"静"是体道的途径，因而也是治国、处世、养身、致知的态度和方法。

《庄子·人间世》中有一段孔子和他的学生颜回的对话："回曰：'敢问

▲ 濠梁秋水图卷　南宋　李唐
此图描绘的是庄子与惠子（即惠施，名家的代表人物）于濠水游玩时的情景。

心斋。'仲尼曰：'若一志，无听之以耳而听之以心，无听之以心而听之以气！听止于耳，心止于符。气也者，虚而待物者也。唯道集虚。虚者，心斋也。'"许慎《说文》："斋，戒洁也。"道存在于虚之中，而虚就是心斋——心的斋戒。做到了虚其心，就得到了道，既然心斋即虚，虚即得道，则得道之心称之为心斋也。《庚桑楚》说："贵、富、显、严、名、利六者，勃志也；容、动、色、理、气、意六者，谬心也；恶、欲、喜、怒、哀、乐六者，累德也；去、就、取、与、知、能六者，塞道也。此四六者不荡心中则正，正则静，静则明，明则虚，虚则无为而无不为也。""心斋要求心中'无知无欲'，达到'虚壹而静'的情况。在这种情况下，'精气'就集中起来。这就是所谓'唯道集虚'"，神静而虚，即心斋也。"

《庄子·大宗师》云："堕肢体，黜聪明，离形去知，同于大通，此为坐忘。""坐忘"就是通过凝神静坐，排除七情六欲，泯除"有己""有待"之念，忘掉了一切，进入了物我两忘的境界。心志虚一清静，不为外物所累，不为利欲所动，就能无为无我，就能忘却现实的一切，从而消释现实带来的重负，达到精神上与天地玄同，与自然为一。

通过心斋和坐忘，才能达到虚静，而"虚静"是审美体验的极境，因而

也就是审美创造的前提。只有虚静其怀，才能观美。"虚静"之于艺术创造的重要性还表现在它与"神思"的关系上。艺术创造依仗神思，而神思又只有在虚静中方可求得。

# 孔子提出"尽善尽美"

孔子（公元前551～前479），名丘，字仲尼，春秋末期鲁国陬邑人，今山东曲阜市东南。中国古代著名的思想家、哲学家、教育家、儒家学派创始人。

司马迁的《史记》为他作有《孔子世家》。司马迁说："天下君王至于贤人众矣，当时则荣，没则已焉。孔子布衣，传十余世，学者宗之。自天子王侯，中国言六艺者，折中于夫子，可谓至圣矣！"

按《史记》所记，孔子生年一般为鲁襄公二十二年。按《谷梁传》所记"十月庚子孔子生"。

孔子的远祖是宋国贵族，殷王室的后裔。父亲名纥，字叔，又称叔梁纥，是一名以勇力著称的武士。叔梁纥先娶施氏，连生9个孩子，都是千金；再娶一妾，其妾生男，病足，复娶颜徵在，生孔子。盖其父以其乡之尼丘山为纪念，又孔子家中行二，故因之名孔丘，字仲尼。

孔丘父早丧，由其母抚养成人。因孤儿寡母不容于家族，孔子的幼年极为艰辛。他说过："吾少也贱，故多能鄙事。"年轻时曾做过"委吏"（管理仓廪）与"乘田"（管放牧牛羊）。

孔子儿时，从不做无聊的游戏，常常模仿

▲ 孔子像

大人演礼习仪，学习古法。《史记》说："孔子为儿嬉戏，设俎豆，陈礼容。"即指其事。虽然生活贫苦，孔子十五岁即"志于学"。曾说："三人行，必有吾师焉。择其善者而从之，其不善者而改之。"

孔子19岁娶宋人亓官氏之女为妻，一年后亓官氏生子，鲁昭公派人送鲤鱼表示祝贺，孔子感到十分荣幸，给儿子取名为鲤，字伯鱼。

他精通六艺，曾为官，却不得志。50岁后周游列国，宣扬其政治理想，却不得重用。其间广收学生，相传弟子先后有3000人，其中著名的有72人。教育上首倡有教无类及因材施教，首开私人讲学风气的先河，故后人尊为"万世师表"及"至圣先师"，历代帝王更加封为"大成至圣文宣王"。

当时，鲁国内乱，孔子离鲁至齐。齐景公向孔子问政，孔子说："君君，臣臣，父父，子子。"又说："政在节财。"孔子在齐不得志，遂又返鲁。孔子不满当时鲁国政不在君而在大夫、"陪臣执国命"的状况，不愿出仕。孔子自述道："饭疏食饮水，曲肱而枕之，乐亦在其中矣。不义而富且贵，与我如浮云。"孔子带领门徒学生周游列国十多年，没有实现其政治抱负，但是，孔子63岁时，依然这样形容自己："其为人也，发愤忘食，乐以忘忧，不知老之将至云尔。"

孔子晚年"退而修诗书礼乐，弟子弥众"。编订了古代的文化典籍《诗》、《书》等几部书，还根据鲁国的历史材料编成《春秋》一书。南宋时，朱熹将《论语》以及《礼记》中的《大学》、《中庸》两篇与被称为"亚圣"的孟子的《孟子》一

▲ 孔子讲学图　清

大约30岁时，孔子在曲阜城北设学舍，开始私人讲学，受业门人先后达到3000多，其中杰出者72人。上图表现了孔子在杏坛讲学的情景，图中孔子端坐讲授，弟子们在周围恭敬地聆听。

书合在一起撰写了《四书集注》，是谓四书。四书与《诗》、《书》、《礼》、《易》、《春秋》五部经典合称"四书五经"，是儒家学说之核心经典。

公元前 479 年，孔子卒，73 岁，葬于鲁城北泗水之上。子曰："吾十有五而志于学，三十而立，四十而不惑，五十而知天命，六十而耳顺，七十而从心所欲，不逾矩。"这是孔子自己一生的总结。

孔子的美学思想就是来源于他的整个思想的核心——"仁"。孔子从多方面解释了"仁"。

颜渊问仁。子曰："克己复礼为仁。一日克己复礼，天下归仁焉。为仁由己，而由人乎哉？"颜渊曰："请问其目。"子曰："非礼勿视，非礼勿听，非礼勿言，非礼勿动。"

"天下归仁"是孔子的最高社会理想。孔子认为，如果人人都能克服私欲，实行礼制，则天下就都能达到"仁"的境界。"礼"即"周礼"。"周礼"是西周以来确定的一套典章、制度、规矩、仪节。做一个符合"仁"的原则的人，在视、听、言、动各个方面都要符合礼的规定。

个人修养方面的仁：子张问仁于孔子。孔子曰："能行五者于天下，为仁矣。"请益之，曰："恭、宽、信、敏、惠：恭则不侮，宽则得众，信则人任焉，敏则有功，惠则足以使人。"孔子认为，能实现恭、宽、信、敏、惠五种品德，就是实现了仁。具体说就是，庄重就不会受人侮辱，宽厚就得民心，诚信就会受人倚仗，勤敏就会工作效率高，慈惠就能够使唤人。

他说："为仁由己，而由人乎哉？"还有："仁远乎哉？我欲仁，斯仁致矣。"仁离我们很远吗？孔子最称道的个人品德莫过于"杀身成仁"，"志士仁人，无求生以害人，有杀身以成仁"。当生命和仁德不可能兼有时，宁可放弃生命，也要成全仁德。正如曾子所说："仁以为己任，不亦重乎？死而后已，不亦远乎？士不可以不弘毅，任重而道远。""志于道，据于德，依于仁，游于艺。"

孔子认为，一个人能否成为有仁德的人，关键在于个人是否能够努力提高修养。君子求诸己，小人求诸人。孔子关于仁德修养的要求：要有仁德修养的愿望，又善于从近处着手，从小事做起，就可以达到至仁的目标，因此，孔子称道颜回："贤哉回也。一箪食，一瓢饮，在陋巷，人不堪其忧，回也不改其乐。贤哉回也！"

"仁"指人与人的关系。"仁者爱人"就是这种关系的体现。所谓"爱人"，在消极方面要"己所不欲，勿施于人"，在积极方面要"己欲立而立人，己欲达而达人"。孔子曾对曾参说"吾道一以贯之"，认为自己的学说有一个贯穿始终的基本观念。据曾参的解释，"夫子之道，忠恕而已矣"。所谓"忠"，指尽己之力以为人，所谓"恕"，指推己之心以及人。

孔子的美学思想是以伦理道德为基础的。"仁"是孔子美学的基础和灵魂。

孔子认为："里仁为美。"以"仁"为邻，才是美。从"里仁为美"的定义出发，孔子进一步提出了自己的美育理想："尽善尽美"。"尽善尽美"是孔子的审美理想。孔子认为美与德、善是一致的，是密切联系不可分割的。《论语·八佾》云："子谓《韶》，尽美矣，又尽善也。谓《武》，尽美矣，未尽善也。"孔子在此所说的"善"是以"仁"为内涵的。《韶》与《武》是两首古曲。美是形式，善是内容。

《论语》说：子在齐闻《韶》，三月不知肉味，曰："不图为乐之至于斯也。"他认为，《韶》乐尽善尽美，达到了美与善的高度统一。《韶》乐是"美舜自以德禅于尧；又尽善，谓太平也"。《武》乐是"美武王以此功定天下；未尽善，谓未致太平也"。即舜以德禅让而得天下，并且达到了"太平"，这是儒家理想的太平盛世，所以说是"尽善"，反映在《韶》乐上就达到了美善的高度统一；武王伐纣，以征诛得天下，并且武王没有达到"太平"，所以《武》乐在"善"的方面比《韶》乐稍逊一筹，未达到"尽善"。

孔子在鉴赏自然美的方面，往往以君子的道德品质来

▲ 《四书》书影

比喻，就是所谓的"君子比德"。

《大戴礼·劝学》记载了一则子贡与孔子赞美水的对话，子贡曰："君子见大川必观何也？"孔子曰："夫水者，君子比德焉。偏与之而无私，似德；所及者生，所不及者死，似仁；其流行卑下，倨勾皆循其理，似义；其赴百仞之溪不疑，似勇；浅者流行，深渊不测，似智；弱约危通，似察；受恶不让，似贞；苞裹不清以入，鲜洁以出，似善化；主量必平，似正；盈不求概，似厉；折必以东西，似意。是以见大川必观焉。"这里以"似德"、"似仁"等都是用"君子"的道德品质来相比。自然事物被比拟为"君子"的道德品质，使其人格化。

孔子说："智者乐水，仁者乐山。智者动，仁者静。智者乐，仁者寿。"再如："君子之德风，小人之德草，草上之风，必偃。"又似："岁寒，然后知松柏之后凋也。"这里说水的活泼流动类似智者、君子之德类风，松柏傲霜类似人的坚强不屈，都是这种比德的审美观点。孔子说："夫玉者，君子比德也。"

"仁"也是孔子评价礼、欣赏乐的一个重要审美标准。孔子讲："人而不仁如礼何？人而不仁如乐何？""礼云礼云，玉帛云乎哉，乐云乐云，钟鼓云乎哉。"这是说，如果没有"仁"的内在情感，再清越热喧的钟鼓，再温润绚丽的玉帛也是无价值的。孔子所谓的理想社会应该是："莫春者，春服既成，冠者五六人，童子六七人，浴乎沂，风乎舞雩，泳而归。"

"中庸之道"是礼和乐所根据的原则，也是欣赏事物美不美的一个标准。

孔子所谓中庸，意即适中、适度、中平、中常，核心思想是"无过、不及"。是君子修"仁"的尺度。子曰："师也过，商也不及。"曰："然则师愈与？"子曰："过犹不及。"

孔子的中庸，其"中"强调的是凡事要掌握恰当的分寸，其"庸"强调的是凡事要甘于平淡无奇。朱熹说："中、庸只是一个道理，以其不偏不倚，故谓之中；以其不差异可常行，故谓之庸。"二程说："不偏之谓中，不易之谓庸。中者，天下之正道；庸者，天下之定理。"

《中庸》说："喜怒哀乐之未发谓之中，发而皆中节谓之和。中也者，天下之大本也；和也者，天下之达道也。致中和，天地位焉，万物育焉。""和"是先秦极为重要的概念，其中心义是"和谐"。

"中和之美"构成了孔子的审美准则，《关雎》乐而不淫，哀而不伤"。乐而不至于淫，哀而不至于伤，这就达到了"中和"。孔子说哀乐都不可太过。孔子又说："放郑声，远佞人。郑声淫，佞人殆。"孔子的"放"就是禁绝"郑声"，理由是"郑声淫"。"淫"这里兼有过分和淫靡之义，有"过于花哨"，"靡靡之音"的意味。

孔子说，质胜文则野，文胜质则史。文质彬彬，然后君子。质就是实质，指事物的本质。文就是文采，华饰。文与质的关系就是内容和形式的关系。孔子主张"文质彬彬"，他既不赞成"质胜文"，也不主张"文胜质。"

孔子提倡礼乐之治。他说："兴于诗，立于礼，成于乐。"

诗可以鼓舞人的志气，使人感发兴起，这叫"兴于诗"。礼仪使人能在社会上站得住，这叫"立于礼"。所谓"成于乐"，"乐以治性，故能成性，成性亦修身也"。就是说乐是"诗"、"礼"的统一。孔子的美学核心思想就是要达到美和善的统一。

《论语·阳货》有这样一段话："子曰：小子何莫学乎诗？诗，可以兴，可以观，可以群，可以怨。迩之事父，远之事君；多识于鸟兽草木之名。""诗"泛指一切艺术。孔子对诗的作用的分析，实际上

▶ 先师手植桧

相传为孔子手植，多次死而复生，它的枯荣也被认为是孔子之道及孔氏家族兴衰的征兆。

▲ 朱熹像

字元晦，又字仲晦，号晦庵，别称紫阳，徽州婺源（今属江西）人，南宋诗人、哲学家。宋代理学的集大成者，继承了北宋程颢、程颐的理学，完成了客观唯心主义的体系。认为理是世界的本质，"理在先，气在后"，提出"存天理，灭人欲"。

可以概括为对一切艺术作用的分析。

根据朱熹等人的注释，诗，可以兴，所谓"兴"，即"引譬连类"和"感发志意"的意思。"譬"即"譬喻"，"类"指的是社会的伦理道德原则，其核心是"仁"。就是使人感发兴起，即兴起、激励人的意志。

所谓"观"，是"观风俗之盛衰"，是"考见得失"，观察出各国风俗上的和政治上的得失。

"诗可以群"。诗歌可以使感情和谐。孔子主张"群"是人区别于动物的本质特征，所谓"君子群而不党"。"群居相切磋"，在社会生活中，通过诗（艺术）的相互交流使群体更趋和谐。

"诗可以怨"是指对上者的不满，发泄出来写成讽刺的诗，孔子要求：怨，即"刺上政"，但应该"怨而不怒"，要"止于礼"。

由孔子所起始的儒家思想，对随后的中国社会各个方面所产生的影响是任何其他学说所无法比拟的。

# 中世纪美学与中国中古美学

## 基督教美学的创立者
—— 奥古斯丁

奥里留·奥古斯丁（公元354～430），公元354年11月13日生于北非的塔加斯特镇（现位于阿尔及利亚）。这座盛产橄榄油的小城位于离突尼斯不远的高地平原上，这里在三百多年以前就已经成为罗马帝国的领地。

他的母亲莫尼加则是一个虔诚的基督徒，被后世尊为基督徒妇女的典范。他不喜欢非母语的希腊语，但是对拉丁文却情有独钟，广泛阅读拉丁文文学，尤为推崇拉丁诗人维吉尔。

作为迦太基城一名16岁的少年学生，奥古斯丁的行为是一种典型的罗马酒色之徒。奥古斯丁年轻时生活放荡，是一位吃喝嫖赌、放荡不羁之青年。"我全身心投入通奸活动中。"他后来在著名的《忏悔录》

▶ **威尼斯圣马克教堂镶嵌画**

对基督徒们来说，奥古斯丁是最伟大的教父，他的神学著作强化了许多基督教义。

中说到了这段时间的生活。可是，在接下来的一些年头里，因为母亲的教导，他深感负疚，从而放弃了乱交，娶了一个小妾，并与她厮守了 15 年的时间，对她很忠心。19 岁在修辞学校读书时成为摩尼教追随者。一度醉心于柏拉图主义和怀疑派的著作。

在《忏悔录》中，奥古斯丁详细地记载了这一经历：在我家葡萄园的附近有一株梨树，树上结的果实，形色香味并不可人。我们这一批年轻坏蛋习惯在街上游戏，直至深夜；一次深夜，我们把树上的果子都摇下来，带着走了。我们带走了大批赃物，不是为了大嚼，而是拿去喂猪。虽则我们也尝了几只，但我们所以如此做，是因为这勾当是不许可的。我也并不想享受所偷的东西，不过为了欣赏偷窃与罪恶。那一年的浪荡生活在奥古斯丁的心灵上刻下很深的印痕，当他后来回忆起这一段少年时的岁月，还痛悔不已："唉！真是离奇的生活，死亡的深渊！竟能只为犯法而犯法！"

后来，奥古斯丁想献身教会，放弃婚姻情欲。公元 386 年的一天，他在米兰的一座花园里，脸上带着难掩的忧伤和痛苦，默默地走到一棵无花果树下，躺了下来。他一边流着泪，一边喃喃自语："主啊！你的发怒到何时为止？请你不要记着我过去的罪恶。"过了会儿，他呼喊起来："还要多少时候？还要多少时候？明天吗？又是明天！为何不是现在？为

▲在奥古斯丁的《上帝之城》中，上帝将堕落之后的人类分为选民和罪人两类。耶稣复活后，选民得到上帝的拯救，但罪人只能经受地狱永恒之火的煎熬。奥古斯丁的基督教美学对整个美学的发展影响深远。

何不是此时此刻结束我的罪恶？"这个人就是年轻的奥古斯丁。他的哭声，在空旷的花园里回荡。他的朋友，就坐在不远的长椅上，默默地注视着。忽然，从邻近一间屋子里传来一个孩子的声音，反复唱着："拿起来，读吧！拿起来，读吧！"顿时，他的脸上呈现一种异常兴奋的表情，他在回想少年时是否曾经唱过这样的儿歌，脑子里却空空如也。他抑制住眼泪的奔涌，站起来，冲到刚才坐的椅子边，拿起椅子上的《圣经》，抓到手中，翻开，默默读着最先看到的一章："不可荒宴醉酒，不可好色淫荡，不可争竞嫉妒；总要披戴主基督耶稣，不要为肉体安排，去放纵私欲。"他感到这段话击中要害，"顿觉有一道恬静的光射到中心，驱散了阴霾笼罩的疑云"。他成为一名基督徒。花园里的这一天，影响了他的整个一生；而他的一生，影响了之后一千多年的基督教史。

公元 387 年复活节，他接受安布罗斯洗礼，正式加入基督教。此后回到北非的家乡，隐居三年之后被教徒推选为省城希波教会执事，公元 395 年升任主教。在任职期间，他以极大的精力从事著述、讲经布道、组织修会、反驳异端异教。

他在晚年目睹了汪达尔人的入侵，在希波城沦陷之前，公元 430 年 8 月 28 日，安然逝世。他被后世教会尊为教会博士，被奉为圣徒。奥古斯丁的著作流传到西方，成为公教会和 16 世纪之后的新教的精神财富。

奥古斯丁是教父思想的集大成者。他的著作堪称神学百科全书。《忏悔录》、《论三位一体》、《上帝之城》是代表作，包含不少哲学论述。

奥古斯丁是西方基督教美学的创立者，奥古斯丁的美学是与基督教神学融为一体的。基督教神学是柏拉图的理念说、普洛丁新柏拉图主义的"太一"流溢说和基督教教义互相结合的产物。

由于奥古斯丁具有把握各种美学难题的非凡能力和更为独特的兴趣，他建立了希腊教父们所难以企及的、更为完备的基督教美学。

**美是有阶梯的，**

**我又看到那么多的光辉降落在**

那梯子的梯阶上，

仿佛天上所有的星都落了下来。

—— （意）但丁《神曲·天堂篇》

为什么美能够引起我们的快感呢？"除了美，我们能爱什么？什么东西是美？美究竟是什么？什么会吸引我们对爱好的东西依依不舍？这些东西如果没有美丽动人之处，便决不会吸引我们。"

奥古斯丁认为："观察大地与天空，可以发现快感仅生于美；而美取决于形状；形状取决于比例，比例取决于数。"而"整一是一切美德形式"。那么这些形式都来自哪里呢？奥古斯丁认为，它们来自上帝。

中世纪基督教美学的一个最基本的命题就是以上帝为美的本源。上帝是美本身，绝对地高于物质美与精神美的，是一切美的本源。"天主是美善的，天主的美善远远超越受造之物。美善的天主创造美善的事物……"

皈依基督教后，奥古斯丁发现真正的问题不是事物何以是美的，而是事物的美是从哪里来的。自己以前《论美和适宜》的最大的错误就是从物质世界的内部寻美，只把美归结为受造物而没有注意到它的潜在的本源。而事实上不应该来自万物外部。"是你，主，创造了天地；你是美，因为它们是美丽的；你是善，因为它们是好的；你实在，因为它们存在，但他们的善、美、存在，并不和创造者一样；相形之下，它们不美，并不善，并不存在。"上帝"至高、至美，至能，无所不能；至仁、至义、至隐，无往而不在；至美、至坚、至定，但又无从执持，不变化而变化一切，无新无故而更新一切"，上帝即"美本身"。

精神美包括道德美和艺术美。上帝是美的原型，它将自身的美在多样化的物质世界中显现出来，事物的美只是上帝的一个摹本，一个不圆满的美。"在某些方面，遵守道德规范是心灵美，由于这一点人称为美的，甚至身材佝偻丑陋的人也往往是美的。"

艺术美是艺术家得心应手制成的尤物，无非是来自那个超越我们灵魂，为我们灵魂所日夜向往的至美。他认为艺术美必须为宗教神学服务，一切大自然的美都是上帝之美的一种象征，因此，赞美这些美，就是赞美创造这些美的上帝。仅仅从一些艺术品获得快感是不够的，但这些可感的美可以成为我们认识唯一的美，它是一种象征：对太阳的欣赏与其说是它的灿烂阳光，不如说是因为它象征着神的光辉。

比精神美低的是物质美。物质美并非毫无价值，因为它是上帝的创造物，但它毕竟只是上帝的映象，它是短暂的相对的美，就其自身来说，物质美也可能令人感动，但与神性美相比较，便微不足道。物质美本身无好坏可言，关键是用于何种目的，像太阳、月亮、海洋、大地、鸟、鱼、水、谷物、葡萄、橄榄等等，都在帮助虔诚颂扬信仰的奇迹，它们都是好的；如果它们掩盖了永恒的美，如果因为这些世俗的快感阻碍了对至高至善的观照，它们就是有害的。物质美在奥古斯丁眼里只是一种手段，而上帝才是目的。

通过各种感性美的象征性的阶梯，我们可以到达神性美的顶峰，与上帝的形式与光辉融合在一起，审美的极境是心灵对上帝的观照和渴求。这里有两种道路，一是通过认识外物的形式的本质来领略形式的基础——"数"，以达到直观上帝的目的。当理性转向视觉领域并且观照天地时，它就会发现，在世界上美是悦目的，在美里形象是悦目的，在形象里量度是悦目的；在量度里数是悦目的。在外物中发现数，心灵就进入超感性的王国。

另一条途径回忆。人心容易贪恋物质之美，为外物所蔽不能认识上帝之美，不如返归内在灵明。回忆可以唤起各种影像，据此探索影

▲这是奥古斯丁的手稿《上帝之城》中的一页插页。

像的意义、体验各种复杂的情感，并反视心灵自身。但上帝不是影像、不是情感、不是心灵，而是"心灵的主宰"，是所有影像、思虑、情感、心灵的来源，一旦认识及此，上帝就惠然降驻于记忆之中。此时心灵"清心寡欲"，"凝神于一"，以期上帝常驻，而心灵也体味到一种无可形容的温柔，能"超出凡尘"。这两种途径，都要求克制本性的欲念，摆脱外物的诱惑，向着上帝拾级而上，从审美走向宗教。

奥古斯丁对丑的分析非常著名，比任何希腊人都更直接地处理了丑的问题。他认为如果我们世间有丑，那么它也不是一种实在的东西，而只是某种缺陷，与以整一、秩序、和谐、形式为特征的美相反，丑就是这些特征的缺席。万物既然是上帝所造，都来自上帝，所以没有丑，丑仅仅是相对的残缺而已。孤立的状态、令我们不快的事物，如果被置在整体中考虑，就会给我们以极大的快感。

他认为丑是必需的。因为丑和恶可以成为美和善丧失的警戒，也是美和善存在的确证。这个理论的实质是，它认识到丑的东西是美的东西的一个从属要素。丑是美的衬托物，然而，整个来说，它又对传统意义上的或者几乎是传统意义上的和谐或对称的效果有所贡献。承认有丑并不否定世界的美，即使是丑的事物中，也有美的痕迹。

# 中世纪美学的集大成者

## ——托马斯·阿奎那

### 流星般匆忙的一生

13世纪，这是个由教义支撑灵魂的时代，一个由僧侣的粗呢袍和骑士铁剑构成美丽图画的时代。

在著名的巴黎大学神学院里，有一名学生，因其行动之迟缓、性格之沉稳、寡言少语，再加之身材魁梧，常被同学们戏称为"哑牛"。对于这位西西里的大笨牛，著名的亚里士多德学者阿尔伯特预言道："这头哑牛的吼声将响彻全世界。"果然，教会在他生前就给予了他极大的支持和极高的声誉，称他为最光荣的"天使博士"，他成了中世纪最重要的哲学家，他的学说不仅是经院哲学的最高成果，也是中世纪神学与哲学的最大、最全面的体系。1323 年，教皇约翰二十二世追封他为"圣徒"，1567 年，他又被命名为"教义师"，1879 年教皇还正式宣布他的学说是"天主教会至今唯一真实的哲学"。这个人就是意大利人托马斯·阿奎那。

托马斯·阿奎那（1225 ～ 1274）生于意大利的洛卡塞卡堡，该城堡是阿奎那家庭的领地。阿奎那家族是伦巴底望族，与教廷和神圣罗马帝国皇帝都保持着密切关系。托马斯·阿奎那 5 岁时，由父亲送往蒙特·卡西诺的大本尼狄克修道院上学，在那里接受了 9 年的初等教育。他的父亲希望他将来做一名隐修士，终身为教会服务。

14 岁时，他进入那不勒斯大学。那不勒斯大学以思想开放、学术自由而为人们所瞩目。阿奎那在这里开始阅读亚里士多德的著作。1244年，他不顾父亲的反对，加入了多米尼克修会，宣誓永做教会的忠诚卫士，绝对服从教会的领导。他的这一举动，引起了父母和亲属的强烈不满和反对，因为，加入多米尼克派，不仅意味着日后将与贫困为伍，而且还影响了家族同不断壮大的王权弗烈德里二世的关系。所以，在阿奎那被教派送往巴黎学习的途中，被其兄长绑架，并将其软禁在家中。

在此后一年多的时间里，据说，其母亲为了留住他，想方设

▲ 这是 14 世纪比萨画家弗朗西斯科·特雷尼的《圣托马斯·阿奎那的杰出成就》一图，阿奎那是最早把亚里士多德著作引入基督教思想的哲学家。

法劝他退出多米尼克修会，曾不惜借用女性的美丽以勾起他对世俗生活的依恋。一天，阿奎那发现一个赤裸的漂亮女人闯进他的卧室，他充满了愤怒，果断地拿起炉边一把烧红的烙铁把这个女人赶了出去，并且在门上烙上了一个醒目的十字架印记，以示决心。阿奎那抵御了各种诱惑，以其真诚、执着感动了他的母亲，终于回到了多米尼克教会。

1248 年至 1252 年，阿奎那先到科伦，就学于著名的大阿尔伯特。从他那里，阿奎那学会了如何欣赏亚里士多德的著作。他的勤奋好学、惊人的辩才在此得以充分展示。其后，阿奎那被推荐入巴黎大学神学院，并于 1256 年春天完成学业。但他未能立即获得学位，只是在教皇亲自干预的情况下，阿奎那才于当年秋天在卫兵的护送下获得了神学硕士学位。从此，阿奎那开始了其教学生涯。

1274 年，他应教皇格列高利十世之召，参加里昂公会议，在赴罗马的途中病逝，年仅 49 岁。虽然他生命短暂，但是他的影响却是长远的。1879 年，教皇利奥三世在《永恒之父》通谕中全面颂扬托马斯·阿奎那的神学和哲学。从此，他的哲学被称为天主教的官方哲学，即经院哲学。

托马斯的著作卷帙浩繁，总字数在 1500 万字以上，其中代表作为《反异教大全》、《神学大全》。

### 美属于形式因的范畴

什么是美？托马斯说："凡是一眼见到就使人愉悦的东西才叫作美，这就是美存在于适当的比例的原因。感官之所以喜爱比例适当的事物，是由于这种事物在比例适当这一点上类似感官本身。感官也是一种比例，正如任何一种认识能力一样。认识必须通过吸收的途径产生，而吸收进来的是形式，所以，美本身与形式因的概念联系着。"这就是说，首先，美是通过感官使人愉快的东西；其次，只有在观赏时立即直接使人愉快的才是美的；再次，美在形式，美只涉及形式而不涉及内容。这种强调美的感性和直接性的观点在后来康德和克罗齐的美学中得到进一步的发展。阿奎那主张："一眼见到就使人愉快的东西才叫作美。"阿奎那认为人类的其他类型的愉悦，主要与触觉感官相联系，并为其他生物所共有；这些愉悦出现在从事必要的和实用的活动中，而且是为了维持生命的，而喜爱美并由于其自己的原因而欣赏美，则是人所特有的能力。最接近于心灵的感觉，即视觉和听觉，也最能为美所吸引。我们时常谈到美的景象和声音，而不大提及美的滋味和气味。阿奎那以牡鹿的声音为例说明了这两种愉悦的区别："狮子在看到牡鹿或听到牡鹿声音的时候感到愉悦，是因为这预示了一顿佳肴。而人却通过其他感觉体验到愉悦，这不仅是由于可以美餐一顿，还由于感性印象的和谐。产生于其他感觉的感性印象因为其和谐而使人愉悦，譬如当人对完美和谐的声音感到愉悦的时候。因此，这种怜悯也就不再同维持其生存相联系。"由此可见，审美的感觉并不像某些在生物学上具有重要意义的感觉那样是纯感性的，也不像道德情感那样是纯理智的，单凭形式一见就令人愉快，阿奎那这个观念上承柏拉图，下启康德，康德明确表达了审美感受的基本特征：无关实利而令人愉悦，无关目的而合乎目的。阿奎那最早尝试寻找美感与一般快感的区

▲ 佛罗伦萨圣母玛丽亚教堂内壁画　14世纪

这幅壁画显示了托马斯·阿奎那的胜利，他的《神学大全》一书最终导致了教会的分裂，他的思想体系也成为天主教会的官方学说。《神学大全》也集中体现了他的美学思想。

别，而且明确地把视听感官列入审美活动范围之内，这是阿奎那美感理论的特征和历史价值所在。

美和善一致，但是仍有区别。因为善是一切事物都对它起欲念的对象。所谓的欲念就是追向某个目的的冲动。美只是涉及认识功能。总之，凡是只为满足欲念的东西叫作善，凡是单凭认识就立刻使人愉快的东西叫作美。认识须通过吸收，而所吸收进来的是形式，所以严格地说，美属于形式因的范畴。阿奎那在以上论述中，揭示了美与善区别的最基本特征：美与善的区别可归结为带不带欲念和有没有外在目的之分。

## 美有三个要素

阿奎那在《神学大全》卷一中是这样表述的："美有三个要素：第一是一种完整或完美，凡是不完整的东西就是丑的；第二是适当的比例或和谐；第三是鲜明，所以鲜明的颜色是公认为美的。"美在"完整"、"和谐"，物体美是"各部分之间的适当比例，再加上一种悦目的颜色"。完整与和谐是来自古希腊的美学观念。奥古斯丁的"悦目的颜色"在阿奎那这里则以"鲜明的色彩"取代之。在阿奎那的美的三要素中，完整是最关键性的。这是由于阿奎那认为一切美的事物的形式都是来自于上帝，因此美的因素是完整的，而不是残缺的。阿奎那把比例之间的和谐一致放在第二位。阿奎那提出了双重的比例概念："我们将'比例'一词用在两层含义上。在第一层含义上，它指一个量同另一个量的复杂关系；而在这个意义上，'双倍'、'三倍'与'相等'是比例的诸类型。在第二层含义上，我们说比例是一部分同另一部分的关系。在这个意义上，创造物同上帝才可能有比例，因为创造物同上帝的关系也如效果与原因或可能与行为的关系一样。"因此，对于阿奎那来说，比例不仅包括量的关系，而且也包括质的关系；不仅包括自然界的比例，而且也包括精神世界的比例。

"形状，当它同事物的本性相符时，便与色彩一道使事物成为美的。"阿奎那由此认为事物的美除了完整性外，就在于事物各部分的有机协调关系和颜色的鲜明。他以人为例写道："我们将一个人称作是美的，是因为他的肢体在其量上和排列上具有合适的比例，也因为是他有着明快的、光亮的色彩。"

他给"鲜明"所下的定义是："一件东西（艺术品或自然事物）的形式放射出光辉来，使它的完美和秩序及全部丰富性都呈现于心灵。""鲜明"来自上帝的光辉的普照。在基督教教义看来，上帝以其光辉普照万物，世间美的事物的光辉就是上帝的光辉的反映。所以阿奎那把"鲜明"作为美的形式的重要性或价值功能就在于，它能将完整统一而又有和谐秩序的事物更进一步充分而又丰富地呈现于人们的心灵。总之，阿奎那整个美的三要素都是与上帝密切相关，即它们都是上帝的体现，或者说，它们都源于上帝。

在美的分类方面，阿奎那提出："美有两种，一种是精神的，即在精神上的恰当的秩序与丰富；另一种则是外在的美，即在物体的恰当的秩序以及属于这一物体的外在属性的丰富。"他把这两种美认真区别开来，并且认为一种物体的美也不同于另一种物体的美："精神的美是一种东西，物体的美则是另一种东西；然而，某一种物体的美又是另外一种东西。"阿奎那认为："爱美之心人皆有之；但是，肉体的人爱的是肉体的美，而精神的人爱的是精神的美。"

托马斯·阿奎那的出现，使经院论哲学学派不仅有了他们自己最伟大的哲学家，而且有了对美学做出最伟大贡献的人。托马斯的美学思想比较集中地体现了经院时期正统的美学思想，其理论上承新柏拉图派的神秘主义，下启康德的形式主义美学，因而在西方美学史上占有重要地位。

# 魏晋美学

谈起我国魏晋美学，必须要先探讨魏晋玄学。

玄学是魏晋时期以老庄思想为骨架，糅合儒家经义以代替烦琐的两汉经学的一种哲学思潮。玄学的名称最早见于《晋书·陆云传》，谓"云（陆云）本无玄学，自此谈老殊进"。魏晋之际，"玄学"一词并未广泛流行，其含义是指立言与行事两个方面，并多以立言玄妙、行事雅远为玄远旷达。

"三玄"是魏晋玄学家最喜谈论的著作。《老子》、《庄子》、《周易》三

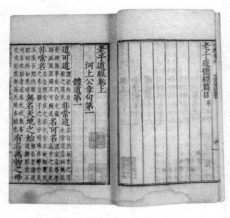

▲《老子》书影

本著作时称"三玄"。他们以为天地万物皆以无为本。"无"是世界的本体，"有"为各种具体的存在物，是本体"无"的表现。

魏晋的士大夫们寄托心神于老庄，显示超脱世俗的姿态，既能辩护世家大族放达生活的合理性，又能博得"高逸"的赞誉，所以玄学在短时间内蔚然成风。当时的玄学家又大多是名士。他们以出身门第，容貌仪止和虚无玄远的"清谈"相标榜，成为一时风气，即所谓"玄风"。

玄学的思想基础是以老庄为代表的道家思想，这是由于道家思想对人世黑暗和人生痛苦的愤激批判，以及对超越这种黑暗和痛苦的个体自由（尽管是单纯精神上的自由）的追求，正好符合亲身经历并体验到儒家思想的虚幻和破灭的门阀士族的心理。他们从名教的束缚中解脱出来，有了一定的人身自由时，愈是感到人生的无常就愈想抓住或延长这短暂的人生。

"魏晋时代'一般思想'的中心问题为：'理想的圣人之人格究竟应该怎样？'因此有（自然）与（名教）之辨。"名教指以正名分、定尊卑为主要内容的封建礼教和道德规范。自然，主要指天道自然，认为天是自然之天，天地的运转，万物的生化，都是自然而然，自己如此的。名教和自然观念产生于先秦。孔子主张正名，强调礼治；老子主张天道自然，提倡无为。孔子、老子被后世看作"贵名教"与"明自然"的宗师。魏晋玄学的"名教与自然之辨"，主要倾向是齐一儒道，调和名教与自然的矛盾。

魏晋玄学的实质正如汤用彤所言："已不拘泥于宇宙运行之外用，进而论天地万物之本体。汉代寓天道于物理，魏晋黜天道而究本体，以寡御众，而归于极；忘象得意而游于物外，于是脱离汉代宇宙之论，而留连于存存本本之真。"

如果说，先秦诸子百家争鸣的时期是中国美学史上的第一个黄金时代，那么，魏晋南北朝时期就可以说是中国美学史上的第二个黄金时代。

魏晋玄学是魏晋南北朝美学和艺术的灵魂。魏晋南北朝艺术追求"简约、玄澹，超然绝俗"的哲学美是受魏晋玄学的影响，产生了一些著名的美学命题：得意忘象、

▲ 老庄像

魏晋玄学以老庄道家思想为基础，那个时代士族知识分子标榜超脱玄远，极为推崇老庄的学说。画中表现了"庄生逍遥游，老子守元默"的情形。

传神写照、澄怀味象、气韵生动和声无哀乐。

## 得意忘象

"得意忘象"是王弼提出的一个命题，这是一个哲学命题，也是一个美学命题，在文学史和艺术史上影响很大。

王弼，字辅嗣。王弼十多岁时，即"好老氏，通辩能言"。他为人高傲，"颇以所长笑人，故时为士君子所疾"。魏正始十年（公元249年）秋，遭疠疾亡，年仅24岁。

王弼提出以无为本，以有为末，举本统末的贵无论。王弼在他的《周易略例·明象》中，研究了言、象、意三者的关系。言、象、意是《周易》求卦的术语。言，指卦辞，代表语言；象，指卦象，代表物象；象则是有名有形的"有"。意，指一卦的义理，代表事物的规律。意实际上是寂然无体，不可为象的"道"，就是"无"。王弼认为，语言是表达物象的，物象是包含义理的；但语言不等于物象，物象不等于义理，所以要得到物象应该抛弃语言，要得到义理应该抛弃物象。

王弼认为："意以象尽，象以言著，故言者可以明象，得象而忘言，象者可以存意，得意而忘象。""象者，所以存意，得意而忘象。犹蹄者所以

**▲ 王弼像**
王弼，山阳（今河南焦作）人。

在兔，得兔而忘蹄；筌者所以在鱼，得鱼而忘筌也。然则言者，象之蹄也；象者，意之筌也。""若忘筌取鱼，始可与言道矣。"

王弼提出了"寻言以观象"、"寻象以观意"、"得象而忘言"、"得意而忘象"的解《易》方法，特别强调"得意"的重要，认为"存象者，非得意者也"，"忘象者，乃得意者也"。他认为，作为万物之本的"无"，无言无象，如果只停留在言象上，不可能达到对"无"的认识和把握。王弼认为，"无"不能自明，必须通过天地万物才能了解，也就是"意以象尽"，"寻象以观意"的意思。而所以能以象观意，那是因为"有生于无"，"象生于意"。因此，从"以无为本"的理论讲，必然得出"忘象得意"的结论，也必须运用"忘象以求其意"的方法去把握无。"得意忘象"的方法对中国古代诗歌、绘画、书法等艺术理论也有极大影响。

从感官之"知"到意象之"知"，再到"圣人体无"之"知"，王弼对三种"知"的不同态度对于其后的中国哲学和中国美学均具有重要而深远之影响，通过体验来把握一种"大全"式的无限本体既是中国哲学，也是中国美学的一个基本思想。王弼玄学所追求的总体性和谐即理想境界："这是玄学在那个苦难的时代为人们所点燃的一盏理想之光，集中体现了时代精神的精华。"

"玄学与美学的连接点在于超越有限去追求无限，因为玄学讨论的'有'、'无'……是超越有限而达到无限——自由……由于超越有限而达到无限是玄学的根本，同时对无限的达到又是诉之于人生的体验，这就使玄学与美学内在地联结到一起。"

美学大师宗白华说："中国人不是像浮士德追求着'无限'，乃是在一丘一壑、一花一鸟中发现了无限。所以他们的态度是悠然意远而又怡然自足的。他是超脱的，但又不是出世的。"中国艺术体现了中国传统的整体把握世界的特殊思维方式。

## 传神写照

"传神写照"是中国古代美术的重要美学命题，是顾恺之就绘画而言提出的一个命题。画史上最早运用"传神"评价美术现象的，是东晋画家顾恺之，他是我国美术史上的一座里程碑。

顾恺之（约345～406），字长康，小字虎头，晋陵无锡人。他出身于士族家庭。一生主要从事绘画创作，是个博学而有才气的艺术家。被时人称为有"三绝"："才绝"，多才多艺，才华出众。擅长诗歌文赋，有很深的文学、音乐修养；被人戏称为"痴绝"，他性情诙谐，行为乖张，大智若愚。《晋书》记载："恺之好谐谑，人多爱狎之。"古语曰"艺痴者技必良"；顾恺之也被人誉为"画绝"，谢安曾惊叹他的艺术是"苍生以来未之有也"，他的人物画能够深刻而细腻地表现对象的内心世界。前人记载有他为邻居少女画像，当用针刺画像的胸口时，邻居少女立即有疼痛之感的传说。

据说，他在金陵瓦棺寺绘制了一幅维摩诘像，当时在修建瓦棺寺时，寺僧们请当时的上流阶级贵族来捐资布施修建这个寺庙，而这些贵族所捐的钱没有一个超过十万的，唯独顾恺之提笔就写了百万钱。当时虽然他已经当上了桓温的司马参军，但并不富有。

这些和尚都以为他写错了，就让他划去重写。可是顾恺之并没有这样做，只是让他们在寺中为他留出一面墙壁，然后用了一个月的时间在这面墙上画了一幅维摩诘像。当最后要画眼睛的时候，他请和尚把寺门打开让人参观，同时他提出了一个要求。他说，第一天来看的人要施舍十万钱，第二天来看的要施舍五万，第三天来看的可以随便。据说开门的那一刻，整个寺庙都笼罩在一片灵光之中，前来观看的人络绎不绝，顷刻之间就捐齐了这百万巨

▲ 顾恺之像

顾恺之，中国画史第一人，"六朝三杰"之一，我国东晋时代最伟大的画家。

款。这幅画到底为什么能够造成这么大的轰动呢？据说是他把维摩诘居士的病容和在病中与人交谈时的特殊神情刻画得惟妙惟肖，就连四百年之后的大诗人杜甫见了这幅画稿之后也惊叹说："虎头金粟影，神妙独难忘。"

他画人物，常常是画好人而不点眼睛，有时几年都不画眼睛。有一次，他为人画一个扇面，画的是嵇康与阮籍，没有画眼睛就送给了主人，主人问："怎么不点眼睛？"他幽默地回答道："哪能点睛，点睛不就会说话了吗？"眼睛是人心灵的窗口，正因为眼睛是传神的关键部位，他才数年不点睛，不然的话就可能会功亏一篑。他说："与点睛之节，上下，大小，浓薄，有一毫小失，则神气与之俱变矣。"

《世说新语·巧艺》载："顾长康画人，或数年不点目睛，人问其故，顾曰：'四体妍蚩，本无关妙处，传神写照正在阿睹中。'"顾恺之认为绘画之所以能表现出人的神情，关键之处正在于对眼睛的刻画和描绘，而"四体妍蚩"对于表现人物的精神风貌就没有这么重要了。绘画的目的是要"传神"，即表现出人物最本质的精神和性格特征。这就是"传神写照"说的本义。

"传神写照"之"神"与"照"本身是佛学术语，顾恺之加以沿用和改造为自己的理论术语。对顾恺之传神论有两种解释：第一种观点认为顾恺之

▲《洛神赋图》（局部）

此图取材于魏国曹植名篇《洛神赋》，表现作者由京师返回封地的途中与洛水女神相遇而产生爱恋的故事。全图采用长卷形式，分段描绘赋中的情节：开始是曹植在洛水边歇息，女神凌波而来，轻盈流动，欲行又止；接下来表现女神在空中、山间舒袖歌舞，曹植相观相送；最后女神乘风而去，曹植满怀惆怅地上路。各段之间用树石分隔，并以舟车无情地飞驰离去反衬人物的依依不舍之情，极为传神。

主张"以形写神"，重神但不轻形，神似须由形似达到。"写质"可与"传神"并举，也是"写照"之意；第二种观点认为顾恺之是重神而轻形论者，"以形写神"不是作为独立的肯定命题而是作为否定命题的一部分提出的，"以形写神"与"传神写照"同义，都是要求形态的描绘为传达表现人物精神风貌服务。写形是手段，传神才是目的。

传神论是受了汉末魏初名家论"言意之辨"和魏晋玄学的影响。魏晋玄学盛行的结果，引起了中国艺术精神的普遍自觉。魏晋时代人的精神是最哲学的，因为是最解放的、最自由的。

顾恺之说："凡画，人最难，次山水，次狗马，台榭一定器耳，难成而易好，不待迁想妙得也。""迁想"在佛学中是指一种能超越具象的想象，它来自于神秘的神明感通作用，以及说"四体妍蚩本无关妙处"，都是强调传神很难，画之妙不在形体而在内在精神气质，这显然是由"得意忘言"变化而来的。宋代苏轼说："传神之难在于目。"人物画中神是至关重要的。顾恺之生活的东晋时代正是玄学兴盛之际，顾恺之所强调的"传神"即是玄学情调的一种反映。

顾恺之的传神论是人物画创作实践的理论总结。所谓形神，当时都是针对画人物而提出的。直到唐代，传神论也还是主要作为人物画的审美标准被运用。五代以后山水、花鸟画大盛，抒情寄意作为突出的美学命题被提出来，自宋以后，写意论成为更流行的审美准则，传神论一方面由人物画扩大到山水、花鸟领域，另一方面又有所凝缩——"传神"一词渐渐成了肖像画体裁的专用语。

顾恺之的"传神论"美学思想对中国美术艺术的发展产生了深远的影响，后代常常把"传神"作为绘画艺术的最高目标和境界。

### 澄怀味象

"澄怀味象"是在东晋南朝之际，宗炳在《画山水序》中提出的。在中国绘画美学思想史上，宗炳率先把老庄之道和山水画艺术联系在一起。"老庄精神浸入中国绘画领域，在理论上：宗炳发其宗，后人弘其迹。"

宗炳在《画山水序》中"澄怀味象"的美学思想，改变了以往关于山

▲ 女史箴图　卷　顾恺之　东晋

此图表现的是西晋张华《女史箴》中的内容，采用一图一文的形式，人物描绘流畅细致，造型准确，神情生动。画中女子姿态从容、秀逸典雅，显示出贵族女子的特点。画风古朴，运笔缜密，赋色细腻和谐，体现了当时"以形传神"的思想。

水"无生动之可拟，无气韵之可侔"的观点，积极倡导表现山水内在的气韵之美。

宗炳是中国山水画论的主要开拓者。宗炳（公元 375 年～443 年），字少文，南阳涅阳（今河南镇平县南）人。祖上做官，年少好出游，后在庐山出家为僧，晚年入道。其一生"好山水，爱远游，善琴书"，"每游山水，往辄忘归"。后因年老体弱多病，回到江陵故居，"宗炳因病从衡山返回江陵，叹曰：'噫！老、病俱至，名山恐难遍游，唯当澄怀观道，卧以游之。'凡所游历，皆图于壁，坐卧向之。"于是，便把山水画悬在墙上，卧在床上观赏，谓之"卧游"。谓人曰："抚琴动操，欲令众山皆响。"年六十九，尝自为《画山水序》。

宗炳绝意仕途，是个地道的隐士。宗炳曾师从名僧慧远大师："入庐山，就释慧远考寻文义。"世号"宗居士"。宗炳是一个执着的"神不灭"论者，《明佛论》（又名《神不灭论》）为宗炳佛学思想的代表作。他盛赞佛教，大力阐扬"神不灭"。宗炳说："佛国之伟，精神不灭，人可成佛，心作万有，诸法皆空，宿缘绵邈，亿劫乃报乎？"关于形神关系，宗炳是明确反对"形生则神生，形死则神死"的"神灭"论的。他说："神也者，妙万物而为言矣。"

宗炳不仅笃信佛教，而且也尊儒家、道家。宗炳对玄学有相当的修养，《宋书》说"精于言理"。"若老子，庄周之道，松乔列真之术，信可以洗心养身。"宗炳《明佛论》云："孔、老、如来，虽三训殊路，而善共辙也。"

　　中国山水画产生于晋宋之际。这时的山水画论，一方面受到魏晋玄学崇庄老、尚自然的影响，在当时，纵情山水成为名士们的一种好尚，也是做名士需要有的一种素养。隐逸的行为已成为时代的特征，士人以隐逸为清高，以山林为乐土，其结果便是"山水有清音"的发现。另一方面也受到了山水诗创作的启发。"专一丘之欢，擅一壑之美"，以玄对山水，以超世俗、超功利的形态走向了山林自然，在赏心悦目，适性快意之际，意识到山水美的客观存在，从而形成山水审美意识的自觉性，也正是山水审美意识的自觉性推动了山水画的产生。

　　宗炳的《画山水序》与王微的《叙画》是反映这一时期山水画理论成就的两篇重要著作。宗炳的《画山水序》是一篇富于哲理性的完整的山水画论。宗炳绘画艺术的一般特征——重视精神和理性，是最早奠定中国山水画艺术的基础，确定中国山水画艺术的方向的，它是中国山水画艺术的起点和基础。

　　《画山水序》中首先提出"澄怀味象"的命题："圣人含道映物，贤者澄怀味象。至于山水，质有而趣灵，是以轩辕、尧、孔、广成、大隗、许由、孤竹之流，必有崆峒、具茨、藐姑、箕、首、大蒙之游焉。又称仁智之乐焉。夫圣人以神法道，而贤者通；山水以形媚道，而仁者乐。不亦几乎？"

　　要体验山水之神，主体方面必须"澄怀"。所谓"澄怀"就是要求审美主体在审美过程中，排除外物的纷扰，尤其是功利关系的眩惑，进入一种超世间、超功利的直觉状态，而保持虚静空明的心胸以应外物。澄为动词，即澄清；怀为心灵，即思维。"澄怀"即澄清心灵与思维。"澄怀"也就是老子所说的"涤除玄览"，庄子所说的"斋以静心"和"斋戒，疏瀹而心，澡雪而精神。"澄怀"的目的是涤荡污浊势利之心。"澄怀"是"味象"的前提。

"味"是特定的审美过程。所谓"味"，即品味。"品"字从三品，许慎认为与"众"同义。后来在实际使用中，基本意义都是"品尝"、"品味"或"品位"。自钟嵘《诗品》之后，"品"以及与之相近的"味"、"滋味"、"韵味"、"兴趣"、"机趣"等便经常出现在艺术美学评论之中。"味象"是"澄怀"的目的。贤者澄清其怀，使胸中无杂念地去品味显现道的象。这种"味"是一种精神的愉悦和审美的体验。"味"就是"万趣融其神思，畅神而已"。这种"美"可以起到"畅神"的作用，即可以陶冶人的性情，涵养人的心情。

"畅神"则是在观赏山水画的审美过程中所体验到的高度自由、高度兴奋的境界。宗炳以"畅神"为山水画最为重要的审美功能。"畅"是一种超越现实而使精神舒展、飘逸的高度自由的状态，突出了山水审美"令人解放"的性质，突出了艺术所具有的审美的特征。

所谓"味"，是老子最早把"味"和"美"相联而提出的。他说："'道'之出口，淡乎其无味。"老子提倡的是一种特殊的美感，即平淡的趣味。"为无为，事无事，味无味。"老子这个美学观念最终在中国艺术和美学史上形成了一种特殊的审美趣味和审美品格，即"平淡"。

"象"则是指观照对象的形象。"山水质有而趣灵"，是谓山水是物质性的存在，但其中有着整体性的灵趣。"以形媚道"是山水是以它的"形"显现"道"而成为"美"和"媚"。《说文》曰："媚，说也。"媚，即悦也，愉悦。宗炳明确指出："山水以形媚道而仁者乐。"

在宗炳看来，山水画艺术要真正表现出水之"灵"、"趣"，创作主体必须亲身盘桓于自然山水之中，用审美的眼光反复观览把握，以山水的本来之形，画作画面上的山水之形；以山水的本来之色，画成画面上的山水之色。"况乎身所盘桓，目所绸缪，以形写形，以色写色也。"

宗炳说："夫以应目会心为理者，类之成巧，则目亦同应，心亦俱会，应会感神，神超理得。虽复虚求幽岩，何以加焉？又，神本无端，栖形感类，理入影迹。诚能妙写，亦诚尽矣。于是闲居理气，拂觞鸣琴，披图幽对，坐究四荒，不违天励之丛，独应无人之野，峰岫山尧嶷，云林森眇。圣贤映于绝代，万趣融其神思。余复何为哉，畅神而已。神之所畅，孰有先焉。"

"应目"指以目观诸物之形，"会心"指以澄怀（体悟思维）观道。会心即澄怀，观道才是最终目的。"应目会心"是指审美主体通过眼睛观照对象而会心感通，悟得其神，从而升华为理。这是说山水是以应目会心为"理"的，只要能把山水巧妙地描绘出来，那么观者目接于形时，心就会领会其"理"。即使是亲身游于山水之间，求山水之神理，所得也不过如此了。

"以玄对山水"是中国对自然山水美观赏的一个重要进展。当自然山水真正成了人们的审美对象，"天人合一"的哲学理念实际上得到了更大的发挥和更深的表现。晋宋人欣赏山水，由实入虚，超入玄境。晋宋人欣赏自然，有"目送归鸿，手挥五弦"，超然玄远的意趣。这使中国山水画自始即是一种"意境中的山水"。宗炳画所游山水悬于室中，对之去："抚琴动操，欲令众山皆响！"郭景纯有诗句曰："林无静树，川无停流。"阮孚评之云："泓静萧瑟，实不可言，每读此文，辄觉神超形越。"这玄远幽深的哲学意味渗透在当时人的美感和自然欣赏中。

### 气韵生动

"气韵生动"，出自南朝画家谢赫之《古画品录》一书，在《古画品录》的序中提到绘画"六法"，气韵就居首位。六法者何？一气韵生动是也，二骨法用笔是也，三应物象形是也，四随类赋彩是也，五经营位置是也，六传移模写是也。

谢赫提出的以"气韵生动"为首的"六法"，是中国古代绘画艺术创作和鉴赏品评的重要准则。谢赫"六法"是一个相互联系的整体，是具有一定系统化和形态化的绘画艺术理论体系，其中"气韵生动"是总的要求和最高目标，其他五点则是达到"气韵生动"的必要条件和手段。

谢赫是由齐入梁的南朝画家。曾在宫廷任职，善画人物、仕女，兼善品评。他的《画品》据考订成书于梁大通四年（公元 532 年）之后。李绰在

《尚书故实》中曾说："谢赫善画，尝阅秘阁，叹伏曹不兴，所画龙首，以为若见真龙。"谢赫的绘画艺术特点是："写貌人物，不俟对看，所需一览，便工操笔。""点刷精神，意存形似。目想毫发，皆无遗失。丽服靓妆，随时变改。直眉曲鬓，与时竞新。别体细微，多从赫始。遂使委巷逐末，皆类效颦。至于气韵精灵，未尽生动之致；笔路纤弱，不副壮雅之怀。然中兴已来，象人为最。"

"六法"是在顾恺之《论画》思想的基础上，进一步体系化的结果，是对以前绘画实践的全面总结。《四库全书总目提要》称谢赫"六法"为"千载不易"。谢赫提出的"六法"经唐代张彦远的阐发和郭若虚认为"六法精论，万古不移"之后，在中国绘画史上影响极大，而气韵生动说影响最为深远。

谢赫生活的时代，人物画得到充分的发展，因此，"六法"主要是对人物画而言。谢赫的"六法"除了传移模写之外，气韵生动，骨法用笔，应物象形，经营位置，随类赋彩，既是气韵、骨法、形象，又可分为气、韵、骨、形、色。

冠于六法之首的"气韵，生动是也"，"气韵"的含义，谢赫未做详细解释，但从他的诸多画论中，我们可以读到诸如壮气、生气、神韵、雅韵等术语。五代荆浩在《笔法记》中关于气韵的阐释："气者，心随笔运，取象不惑。韵者，隐迹立形，备仪不俗。"

▲ 虢国夫人游春图

作品竭力表现贵妇们游春时悠闲而懒散的欢悦气氛，以华丽的装饰、骏马的轻快步伐衬托春光的明媚；以前松后紧的画面结构，传达出春的节奏；而人物的丰润圆满、丰姿绰约，则既表现出贵妇的雍容娴雅，又展现出春的气韵，而这种气韵也体现了大唐盛世的庄严与华贵。

魏晋以来则把"气"作为一种与人的生命精神相关联的气质、神采之美的判断，是一种对内在的生命力度和精神力度的判断。"气"成为一种美学范畴。

这种包涵美学意味的气概括为三个方面内容：

其一，"气"是概括艺术本源的一个范畴。钟嵘"气之动物，物之感人，故摇荡性情，形诸舞咏"（《诗品》）；刘勰"写气图貌"（《文心雕龙》）；王微"以一管之笔，拟太虚之体"（《叙画》），指的就是这一意思。

其二，"气"是概括艺术家的生命力和创造力的一个范畴。曹丕"文以气为主，气之清浊有体，不可力强而致"（《典论·论文》），这里的"气"即是指艺术家的生命力和创造力。

其三，"气"是概括艺术生命的一个范畴，也就是说，"气"不仅构成世界万物本体和生命，不仅构成艺术家的生命力和创造力的整体，而且也构成艺术形象的生命，谢赫"气韵"之"气"正是这种含义。谢赫的《古画品录》中"气"字共有七处之多。作为美学上的"气"主要是指艺术作品那种生生不息的艺术力量，它是自然的生命力和艺术家主体精神力量的统一。

"韵"的原意为"和"，《说文》解释为："韵，和也。"即声音和谐之意。刘勰在《文心雕龙·声律》中说"异音相从谓之和，同声相应谓之韵"。蔡邕在《琴赋》中写道："繁弦既抑，雅韵乃扬。"曹植的《白鹤赋》："聆雅琴之清韵。"嵇康的《琴赋》："于是曲引向阑，众音将歇，改韵易调，奇弄乃发。"《世说新语·术解》："每至正会，殿庭作乐，自调宫商，无不谐韵。"陆机在《文赋》中写道："收百世之厥文，采千载之遗韵。"

在"六法"中"韵"并不是指音韵，而是从人物品藻中引入的概念，在人物品藻中的"韵"，主要意味着人物具有清雅、高远、旷放的超群脱俗的风雅之美。用"高韵、雅韵、远韵、神韵"，以及"风韵秀彻"、"雅有远韵"、"玄韵淡泊"、"风韵清疏"等形容人物精神面貌，它是指透过人物的外在形象而传达出人物内在精神的气质和品格，它用来指人物的才情、智慧、风度等具有超群脱体的风雅之美，即刘义庆在《世说新语·任诞》所说的"风气韵度"。后来这一意义也被广泛运用到美学中的审美范畴，"有韵即美，无韵不美"，"风流潇洒谓之韵"。

"韵"的特质就是艺术生命的节奏。这种生命节奏在中国绘画艺术中主要表现在墨之干湿浓淡，笔之疾缓粗细，点线面之疏密交错，以及物象的对称、均衡、连续、反复、间隔、重叠、变化、统一等形式语汇的节奏之中。

"韵"既是内容的，又是形式的。它内在的本质是含有精神性的情感，而其外现的形式是与人的精神、情感同构的节奏。如谢赫评陆绥"体韵遒举，风彩飘然"，评戴逵"情韵连绵，风趣巧拔"。

谢赫在《古画品录》中运用"气韵"品评绘画作品共有九处。谢赫的"气韵"说是顾恺之"传神"说的继承和发展。谢赫"气韵"说则显得更为具体，容易成为品评的可量化的条件，更具操作性。

"气韵生动"的"气"与美学中的"神"既有联系又有区别。"神"在中国的哲学中主要是指人的精神，而人的身体则被称为"形"。这里所说的"气"有别于"神"的含义。"气韵生动"之"气"蕴含着"神"与"无"的思想内核，又超越了这两者。"气"是人的精神与生理的结合，是人的生命力的源泉。

对"气韵"的品评，主要是对于人物的气质、格调、品貌等内在精神状态的评定。谢赫品评作品优劣运用"气韵"一词，并展开运用了"壮气"、"气力"、"神气"、"生气"和"神韵"、"体韵"、"韵雅"、"情韵"等词语，分别在"气"与"韵"前后缀上不同的形容词，以体现自己的褒贬态度。谢赫的"气韵"是从画面整体出发，主要是品评一幅画的艺术境界、风格特点、审美情趣等。指作品本身表现出的一种自然与人的生命节奏，合乎美的音乐韵律，从而展现出一种精神内涵。若为画面人物形象，则主要指人物的生命力，人物内心精神状态，人物

▲ 宋代程颐、朱熹注释的《周易》

的气度风貌。

无论是"气韵"还是"传神"，两者都应该以表现美为目的。清代方薰在《山静居画论》中便说"气韵生动，须将'生动'二字省悟，能会生动则气韵自在"，充分说明了气韵的关键在于能否"生动"。谢赫明确要求表现"气韵"必须"生动"。

《周易》主张"天地之大德曰生"，"生生之谓易"，宇宙是处在一种"变动不居"的状态。"生动"是指生命的运动，包含生长、变化、向上、发展等意思。"生动"是由"气"的运动变化所引起的。"生动"与"气"不可分，有"气"才能"生动"，"生动"是"气"的特殊本性。王充的《论衡·自然篇》指出："天之动，行也，施气也。体动，气乃出，物尔生矣。""生长"不能脱离运动，有运动才有"生长"，并明确地把"生"、"气"和宇宙万物的形成联系在一起。"人以气为寿，形随气而动；气性不均，则于体不同。"

"生动"原是人物精神面貌的评语。顾恺之在评《小列女》时就写道："刻削为容仪，不尽生气。"这已经触及到"生动"的内涵了，但这仅仅只是对人物表情的品评，而把此意转化为对作品的品评的应是受王微的影响，他在《叙画》中写道："横变纵化，故动生焉。"王微在这里强调了绘画中生动的感觉是由画面形象左顾右盼、纵横斜正决定的，由此生发出来的是整个画面凛凛然的风致和韵味。在谢赫看来，那构成艺术美的"气韵"，其表现的形式必须是"生动"的。"气韵"说也包含了这层意思。

谢赫使"气韵"成为中国绘画艺术千古不变的法则。值得一提的是荆浩将"气韵"向更具体的绘画语言落实，而董其昌以"气韵"为准绳，把中国绘画分为南北两宗，推崇王维为南宗之祖，推崇以"韵味"见长的南宗。

如果不把握"气韵生动"，就不可能把握中国古典美学思想体系。

## 声无哀乐

"声无哀乐"是由嵇康提出来的音乐美学思想，它是继《乐论》之后魏晋时代重要的音乐理论。

嵇康，字叔夜，因曾任魏中散大夫，世称嵇中散，中国三国时期魏末琴家、文学家、思想家。谯郡（金至）县（今安徽宿县）人，寓居于河内山阳县（今河南修武县西北），与阮籍、山涛、向秀、阮咸、王戎、刘伶友善，常在竹林游宴，世称竹林七贤。

崇尚老庄，喜欢清谈，学识渊博，善写诗赋文论，热爱音乐，擅长弹琴，《长清》《短清》《长侧》《短侧》《玄默》《风入松》等琴曲，相传是他的作品，前4首合称"嵇氏四弄"。

在魏末司马氏掌权力谋篡位时，他过着隐逸的生活，不愿为司马氏做事。

魏元帝景元四年（公元263年），吕巽因为奸淫胞弟吕安的妻子，事情败露，心怀鬼胎的吕巽恶人先告状，反而诬陷吕安侍母不孝，吕安因此而蒙冤下狱。嵇康素来与吕氏兄弟友善，出面调停，亲自到狱中探望吕安，并义不容辞地替吕安辩诬，愤而写下《与吕长悌绝交书》。与嵇康有仇怨的钟会，乘机落井下石，向司马昭进谗言，说嵇康"上不臣天子，下不事王侯，轻时傲物，不为物用，无益于今，有败于俗"，"今不诛康，无以清洁王道"。司马昭便以"与不孝人为党"的罪名将嵇康投入监狱。太学生数千人上书"请以（嵇康）为师"，也不能免除嵇康的死刑。这年八月甲辰日，年仅40岁的嵇康被押赴洛阳东郊的刑场。据《世说新语·雅量篇》说："嵇中散临刑东市，神气不变，索琴弹之，奏《广陵散》，于今绝矣。"

"声无哀乐论"是针对以《乐记》为代表的儒家音乐美学来阐述的。

《礼记·乐记》是中国儒家音乐理论的专著。《乐记》的作者与成书年代、流传过程等方面虽然存在一些问题，却仍然是不可忽视的儒家音乐理论的重要著作。在二千余年的封建社会中，把它所表达的音乐思想视为正统；士大夫们谈到音乐问题时，总要以它作为自己立论的根据。

▲ 嵇康像

《乐记》强调使音乐成为社会教育的工具，用礼、刑、政一起以安定社会，使国家大治。"移风易俗，莫善于乐"，有关这一方面的论述，贯穿着《乐记》全文，是儒家音乐思想的核心。它在后世被称为"乐教"。孔子认为"为政"必须"兴礼乐"，"成人"必须"文之以礼乐"，判断音乐则强调音乐内容的善，要求做到"思无邪"、"乐而不淫，哀而不伤"，因而他"恶郑声之乱雅乐"，主张"乐则韶舞，放郑声"。

音乐表现不同的感情，因而反映并影响社会的治、乱："是故治世之音安，以乐其政和；乱世之音怨，以怒其政乖；亡国之音哀，以思其民困。声音之道，与政通矣。"提出"乐者，通伦理者也"。

儒家的传统音乐思想，本来有其积极的一面，后来却发展到要求从声音中听出吉凶的征兆，如文中"秦客"第4次诘难时举例所说，介葛卢听到牛的叫声，就知道这头牛的三头子牛都已做了祭神的牺牲；师旷吹起律管，感到南风不强，就知道楚国打了败仗；羊舌肝的母亲听到她的孙子杨食我出生时的哭叫声像豺狼，就知道羊舌氏的宗族要被他覆灭；包括所谓"季子听声，以知众国之风，师襄奉操，而仲尼睹文王之容"等等。把音乐等同于星相术中的"风角"。正是这种把音乐的社会功能庸俗化了的神秘观点，受到了嵇康的批判。

嵇康的音乐思想，主要表现在他的论文《声无哀乐论》里。这篇论文长近万字，用"秦客"（俗儒的化身）和"东野主人"（作者自称）的八次辩难，反复论证、有针对性地批驳儒家传统乐论，进而阐述他自己的音乐思想。钱锺书说《声无哀乐论》："体物研几，衡铢剖粒，思之慎而辨之明，前载未尝有。"刘勰在《文心雕龙·论说》中说《声无哀乐论》是"师心独见，锋颖精密"。

在《声无哀乐论》的开始，秦客便提出："闻之前论曰'治世之音安以乐，亡国之音哀以思'。夫治乱在政，而音声应之，故哀思之情表于金石，安乐之象形于管弦也。又仲尼闻《韶》，识舜之德；季礼听弦，识众国之风。斯以然之事，先贤所不疑也。今子独以为声无哀乐，其理合居？"说明从音乐中可以观察到某种圣德和民情。

对此，嵇康说："天地之德，万物资生，寒暑代往，五行以成。故章为五色，发为五音。音声之作，其犹臭味于天地之间。其善与不善，虽遭遇浊乱，其体自若，而不变也。岂以爱憎易操，哀乐改度哉？"嵇康从自然之道的美学观出发，强调音乐自然和谐，认为音乐是天地和德、阴阳变化的产物，即使遭遇什么浊乱，它的本体永远与自身同一，不会改变。音乐之作，同自然界的五色、五味一样，是自然之物，没有什么哀或乐的内容。

嵇康说："声音自当以善恶为主，则无关于哀乐；哀乐自当以情感而后发，则无系于声音。"意思是：音乐只能分别好和坏，与表现悲哀或者快乐的感情无关；这即是说，音乐本身有其自然属性，而与人的哀乐无关。

嵇康说："声音有自然之和，而无系于人情。"音声中既无"哀乐"之实，也无"哀乐"之名。"名实俱去"之后，嵇康阐述了声无哀乐的两个缘由：一是"和声之无象，音声之无常"，其二是"心之于声，明为二物"，认为音乐与情感是不相关联的两个领域："声之与心，殊涂异轨，不相经纬。"嵇康说："然则心之与声，明为二物。二物诚然，则求情者不留观于行貌，揆心者不借听于声音也。"

嵇康反对儒家音乐理论中的教化说。《乐记》提出"其本在人心之感于物也"，并且将这一观点解释为："音之起，由人心生也；人心之动，物使之然也。"《乐记》认为音乐是一种抒情的艺术，但是这种感情的来源却是外部物质世界。例如人们在听音乐时感到"摇曳乎性情"，这种感情来源于音乐本身。音乐是有感情的，我们感动是因为我们分享了音乐的感情。《乐记》提出了"情动于中，故形于声"，"乐者，所以象德也"，用能表情、象德的音乐去"教化"人。

嵇康认为："声音以平和为体，而感物无常；心志以所俟为主，应感而发。"所谓哀乐，是人内心之情先有所感，然后才在听乐时表露出来，至于情因何而感产生哀乐，这与音声本身无关。悲哀或者快乐的感情是人们情有所感而发的，与音乐的表现无关。

嵇康说："夫哀心藏于内，遇和声而后发，和声无象而哀心有主。"意思是说，声音并没有一个定象，因而感染事物没有一定的必然原因，人的心境以原有的经验感受为基础，相应地被感染而流露出来，形成悲哀或快乐的情感。

嵇康认为虽然音乐与情感无关，但音乐为人心情欲所喜爱，与情感有联系并能引发人的情感。他说："夫声音和比，人情所不能已者也，声音和比，感人之深者也。"又说："宫商集比，声音克谐，此人心至愿，情欲之所钟。"由宫商等声音聚集融洽而成的和谐的音乐是人们的内心所非常愿意听到的，为人们的"情欲"所钟爱。音乐所触发的情感反映，其根源仍在审美主体方面。这是嵇康对审美主客体关系的科学认识，是音乐美学思想史上的一次飞跃。

嵇康认为音乐的本体是超哀乐的，是一种自然的"和"的状态，不会因为爱憎和哀乐而改变的。嵇康强调"和声无象，哀心为主"，将音乐与心境的关系判别得一清二楚。"声音有自然之和，克谐之声，成于金石，至和之声，得于管弦也"。嵇康说："声音以平和为体。"音乐的本体就是"和"或"平和"。"和"是《声无哀乐论》思想的核心。

对于欣赏者而言，就要做到"性洁静以端理，含至德之和平"。嵇康认为要做到："爱憎不栖于情，忧喜不留于意，泊然无感，而体气和平。"就要通过嵇康《琴赋》中所指出的途径："（琴）性洁净以端理，至德之和平，诚可以感荡心志而发泄幽情矣。"这样才能达到像嵇康在《赠兄秀才从军诗》中所描述的那样："目送归鸿，手挥五弦。俯仰自得，游心太玄。"抛弃一切世俗之累，沉入到心灵深处，在宁静中去聆听、去感受大自然的和谐。这和其人生观是一致的。

他在《养生论》中

▲ 东晋彩绘漆盘名士弹琴图

说："古人知情不可恣，欲不可极，故因其所用，每为之节。使哀不致伤，乐不致浮。"他在《养生论》中主张："日希以朝阳，绥以五弦，无以自得，体妙心玄。忘欢而后乐足，遗生而后身存。"嵇康在《养生论》中认为养生的最高境界是"爱憎不栖于情，忧喜不留于意，泊然无感，而体气和平"的"平和"境界。

嵇康的以"和"为核心的乐论的建立，可以说是魏晋玄学的美学完成。

# 苏轼提出"诗画同一"

苏轼，（1037～1101），字子瞻，一字和仲，自号东坡居士，眉州眉山（今四川眉山）人。宋代著名文学家，唐宋八大家之一，和其父苏洵、其弟苏辙并称"三苏"。诗、文、书、画俱成大家，是中国文学史上罕见的全才。

他的散文汪洋恣肆，明白畅达，"其文涣然如水之质，漫衍浩荡，则其波亦自然成文"。与欧阳修并称"欧苏"；他的诗内容广阔，风格多样，清新豪健，善用夸张比喻，他抒发人生感慨和歌咏自然景物的诗篇表现出宋诗重理趣、好议论的特征，对后人影响也最大，与黄庭坚并称"苏黄"。《原诗》

▲ 苏轼像

说："苏轼之诗，其境界皆开辟古今之所未有，天地万物，嬉笑怒骂，无不鼓舞于笔端。"清人蒋兆兰《词说》说："宋代词家源出于唐五代，皆以婉约为宗。自东坡以浩瀚之气行之，遂开豪迈一派。南宋辛稼轩运深沉之思于雄杰之中，遂以'苏辛'并称。"他将北宋诗文革新运动的精神发扬光大，《念奴娇·赤壁怀古》、《水调歌头·丙辰中秋》传诵甚广。刘辰翁曾说："词至东坡，倾荡磊落，如诗、如文、如天地奇观。"他擅长行书、楷书，能自创新意，用笔丰腴跌宕，有天真烂漫之趣，与蔡襄、黄庭坚、米芾并称"宋四家"；他能画竹，学文同，也喜作枯木怪石，他和米芾一道，创造了中国的文人画，是"湖州派"的中坚人物。

他的政治之路十分坎坷，他既反对王安石比较急进的改革措施，也不同意司马光尽废新法，因而在新旧两党间均受排斥，仕途生涯几经曲折。他是宋仁宗景佑三年生，嘉祐二年进士，累官至端明殿学士兼翰林侍读学士，礼部尚书。神宗时苏轼曾任祠部员外郎，因反对王安石新法而求外职，任杭州通判、知密州、徐州、湖州。

宋神宗熙宁九年（1076 年），被贬的苏东坡正在密州知州任上。这一年的中秋节夜晚，皓月当空，苏东坡与客人在新筑成的超然台上赏月饮酒，即兴写成《水调歌头》一首：丙辰中秋，欢饮达旦，作此篇兼怀子由。

> 明月几时有，把酒问青天。不知天上宫阙，今夕是何年。
> 我欲乘风归去，又恐琼楼玉宇，高处不胜寒。
> 起舞弄清影，何似在人间。
> 转朱阁，低绮户，照无眠。不应有恨，何事长向别时圆。
> 人有悲欢离合，月有阴晴圆缺。此事古难全。
> 但愿人长久，千里共婵娟。

哲宗时任翰林学士，曾出知杭州、颍州等，官至礼部尚书。哲宗绍圣年间（1094～1097）出知定州，后被御史谄其作词"讥斥先朝"、"诽谤先帝"，被贬官惠州，再贬琼州，徽宗即位后被放还，病卒于常州。南宋孝宗时，追谥文忠。

## 诗画同源

苏轼"初好贾谊、陆贽书，论古今治乱，不为空言。既而读《庄子》，谓然叹曰：'吾昔有见于中，口未能言，今见《庄子》，得吾心矣。'后读释氏书，深悟实象，参之孔墨，博辨无碍，浩然不见其涯矣。"从佛教的否定人生，儒家的正视人生，道家的简化人生，这位诗人在心灵识见中产生了他的混合的人生观。

苏轼在《送参寥师》中说："欲令诗语妙，无厌空且静。静故了群动，空故纳万境。"在佛、道二教中，"空静""虚空"的要义，都是达到"无我"之境而得万物之本。苏轼反复强调的艺术创作过程中的"空静"心态，"天工清新"的审美原则都是来源于他对佛老之学的认识。如苏轼在总结文与可的画竹经验时说："与可画竹时，见竹不见人。岂独不见人，嗒然遗其身。其身与竹化，无穷出清新。庄周世无有，谁知此疑神。"苏轼《琴诗》中指出："若言琴上有琴声，放在匣中何不鸣？若言声在指头上，何不于君指上听？"《琴诗》用典就是出于《楞严经》"譬如琴瑟琵琶，虽有妙音，若无妙指终不能发"。

儒家的积极进取、浩然之气，庄子的逍遥任性，魏晋名士的游心太玄，禅宗的空无为本，融合为苏轼的独特的精神天地。苏轼出入儒道佛禅，兼容并采，灵活通脱，各有所用。"苏轼一方面是忠君爱国，学优而仕，抱负满怀，谨守儒家思想的人物，甚至有时还带有似乎难以想象的正统迂腐气。但要注意的是，苏一生并未退隐，也从未真正的'归田'，但他通过诗文所表达出来的那种人生空漠之感，却比前人任何口头上或事实上的'退隐'、'归田'、'遁世'要更深刻更沉重。"正因为如此，"苏轼奉儒家而出入佛老，谈世事而颇作玄思，于是，行云流水，初无定质，嬉笑怒骂，皆成文章"。

在美学理论上，苏轼海纳百川且自成一家，可说是中国古典美学的一个典型。除了"儒家的底子"，还有"庄子的哲学，陶渊明的诗理，佛家的解脱"。在中国美学史上，苏轼最早研究探讨艺术的本质。苏轼在其《书焉陵王主簿所画折枝二首》中首次明确提出"诗中有画，画中有诗"的美学见解，诗文同宗，诗画互见，书画同源。原诗如下：

其一：论画以形似，见与儿童邻。赋诗必此诗，定非知诗人。诗画本一律，天工与清新。边鸾雀写生，赵昌花传神。何如此两幅，疏淡含精匀。谁言一点红，解寄无边春。

其二：瘦竹如幽人，幽花如处女，低昂枝上雀，摇荡花间雨。双翎决将起，众叶纷自举。可怜采花蜂，清蜜寄两股。若人富天巧，春色入毫楮。悬知君能诗，寄声求妙语。

绘画、书法、诗不同形式的文学艺术具有共同的艺术本质——"情感"，不论是诗还是画，不融合表现创作者的情感，就不具备审美价值。苏轼"诗画本一律"说，是对艺术本质特征——"情"的认识的进一步深化。他说："文以达吾心，画以适吾意而已。"

从"诗言志"到"诗缘情"，诗都从未与情志意蕴断过联系。诗因情而发，"发乎情，止乎礼义"。审美情感中情感是艺术最基本、最重要的特征。在苏轼诗画中，"诗"是指能够为观赏者所体悟到的情志意蕴，可称为"诗意"。在这里，"诗"是一个美学范畴。苏轼"诗中有画"要求的就是诗歌要有"画境"，唯有"画境"的融入，诗的情志方才有所附丽，才不至于陷入虚空。诗的意境缘于诗的"画境"。

"画中有诗"也是苏轼画论的一贯主张。他明确地讲自己的诗书、文画是因情而发，有感于其中的"诗不能尽，溢而为书，变而为画"。画从物质性的形色物象升华到精神性的情志意蕴，从实到虚，这也是一种与中国哲学精神相一致的艺术精神。

诗画都是源于和表现现实生活，须对事物作形象的描摹，达到"形似"的要求。但要传达出事物的内在神韵，这就是"神似"。在艺术上做到既真实自然，又气韵生动，形神俱佳，达到形似与神似的高度统一。

在苏轼看来，诗歌创作要做到"意在笔先"，而且在艺术表现上，既要

▲ 竹石图卷 北宋 苏轼

苏轼善于绘画枯木、丛竹，他认为画竹不能只在竹节、竹叶上下功夫，要胸有成竹，一挥而就，这样才能气韵生动。

注重形似，更要做到神似，追求形神兼备，这样的艺术作品才会给人以美感，才会使作品有巨大的艺术感染力和长久的生命力。他明确地提出了诗贵传神。画家要"以神遇而不以目视，官知止而神欲行"。

苏轼主张以形传神，"尽物之态"，表现事物的内在本质。他说："观士人画如阅天下马，取其意气所到。乃若画工，往往只取鞭策、皮毛，槽枥，刍秣，无一点俊发，看数只许便倦。"画马应能概括天下马，表现其"俊发"的精神，而不能停留在局部形似。他引文与可论画竹木："于形既不可失，而理更当知"，做到"形理两全，然后可言晓画"。"形理两全"指达到形似与神似的统一。他赞同顾恺之所说"传形写影，都在阿睹中"，即人的眼睛最能体现人的精神。

"重理"，是宋诗也是苏轼诗歌批评、审美理论的核心。艺术不仅要有出人意外的真情"新意"，也要寓含客观事物的"妙理"。苏轼指出文艺作品不能只停留在能避免"常形之失"上，而是要能含物之"常理"。"理"是"成物之文也"，通常指条理、准则和规律，就是自然万物、社会生活的千变万化的本质规律。苏轼在《上曾丞相书》中指明："幽居默处，而观万物之变，尽其自然之理。"在苏轼看来，"天地与人一理也"。"理"，通过美的意象、形象表现出来。如欲画马，则应"胸中有千驷"，欲画竹，则首先观眼前之竹，再"胸有万杆竹"的融合。苏轼称赞文与可的画："与可之于竹石枯木，真可谓得其理者矣。"他称赞吴道子的画："道子画人物如灯取影，逆来顺往，旁见侧出，横斜平直，各相乘除，得自然之数不差毫末。出新意于法度之中，寄妙理于豪放之外，所谓游刃余，运斤成风，盖古今一人而已。"

苏轼的散文"其文焕然如水之质，漫衍浩荡，则其波亦自然成文"，达到了"如行云流水，初无定质，但常行于所当行，常止于所不

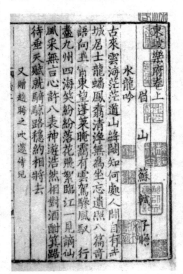

▲ 《东坡乐府》（北宋苏轼著）书影

可不止。文理自然，姿态横生"的艺术境界。"文理自然"则是其达理的艺术标准与要求，也是"随物赋形"的目的所在。"随物赋形"是苏轼达理的艺术途径和艺术手段。"随物赋形"就是既要形似，更要神似，唯此才能使诗歌"文理自然，姿态横生"，乃为天工，是为上乘。他在《书辨才次韵参寥诗》中说："平生不学作诗，如风吹水，自成文理。而参寥与吾辈诗，乃如巧人织绣耳。"可见其审美中的自然飘逸之情致。

# 第三章

# 文艺复兴美学与中国明代美学

## 但丁美学中的人文主义萌芽

意大利的佛罗伦萨是一座时常能唤起人们美好遐想的城市。

在贯穿全城的阿尔诺河上有一座古桥,记录着一个昔日的美好传说。这座饱经沧桑的老桥建于古罗马时期。它是阿尔诺河上唯一的廊桥,那时的桥面和桥廊都是木料所搭。历史上曾几次受到洪水侵袭,只剩下两个大理石桥墩。现在这座造型典雅的三拱廊桥是 1345 年重建而成。在第二次世界大战中,阿尔诺河上的十座古桥中的其他九座都被纳粹军队炸毁了,唯独老桥安然无恙。正是在这里曾经演绎过另一个版本的"廊桥遗梦",而它的主人公正是被世人所仰慕的伟大诗人但丁。

那是一个春光明媚的上午,阳光洒在阿尔诺河上,波光闪闪,把河上的廊桥和桥畔的行人映衬得更加光彩夺目。贝特丽丝,一位容貌清秀、美丽高贵的少女在侍女的陪伴下向廊桥走来。此时,9 岁的少年但丁正随父亲参加友人

▲ 但丁像

但丁,中世纪最伟大的诗人,他的美学思想在美学史上占有重要地位,开启了一个新的时代。

聚会，也正好走上廊桥，两人在桥上不期而遇。但丁凝视着少女，既惊喜又怅然；而少女却手持鲜花，双目直视前方，径直从但丁身边走过，仿佛没有看见但丁。但她的眼里放射出的异样的光芒和脸上泛起的潮红却透露出少女情动的信息。这一眼就开始了但丁的初恋，并且对她的爱始终不渝。

9 年后，当但丁第二次见到她时，她嫁给了一位银行家，25 岁就夭亡了，把美丽和哀伤留给了但丁。虽然但丁在 30 岁时与一个名叫杰玛的女子结婚，并生有 4 个孩子，但是终生难忘的仍然是这个年轻、美丽而富贵的女子。

岁月流逝，这份爱慕在但丁炙热的情感中化作一位上帝派来人间的拯救他灵魂的天使，一种完美和理想生命的化身。然而，越是爱，越是品尝着无望，越是无望，越是寄托愿望于遥不可及的爱。这样的哀伤和思念之情催生了《新生》——这部他早年的诗作又为他晚年创作《神曲》做了情感和素材的准备。而这一切都源于那次在廊桥的偶然的邂逅。

《神曲》成为继《荷马史诗》后最伟大的作品。在《神曲》中，但丁把贝特丽丝描绘成集真善美于一身、引导他进入天堂的女神，以此来寄托他对贝特丽丝的美好情感。但丁说过他写《神曲》的目的是"要使生活在这一世界的人们摆脱悲惨的遭遇，把他们引到幸福的境地"。

1265 年 8 月，但丁出生在一个走向没落的贵族家庭，父亲早亡，家境日衰，其母重视教育，把但丁送到著名学者拉丁尼那里学习拉丁文，攻读古典文学；他特别崇拜古罗马的一位重要诗人维吉尔，把维吉尔当作自己的精神导师。

圣·奥古斯丁的思想对他影响尤大。1300 年，但丁当选为佛罗伦萨六大行政官之一，他代表资产阶级政党，反对教皇干涉内政，反对贵族阶级把持政权；1302 年代表封建教皇的势力得势，但丁被放逐，终生不得回佛罗伦萨；后来，但丁在威尼斯染重病，1321 年死于意大利东北部亚得里亚海海滨城市腊万纳。

正如恩格斯在《共产党宣言》意大利文版序言中所指出："封建的中世纪的终结和现代资本主义纪元的开始，是以一位大人物为标志的。这位人物就是意大利人但丁，他是中世纪的最后一位诗人，同时又是新时代的最初一位诗人。"

但丁美学思想的特点在于它的过渡性——既有中世纪美学的深刻印迹，又有新时代的美学观念。他认为："上帝统治宇宙，权力无所不达。"上帝是美的本源，神学理性是判别美丑的标准和尺度。《神曲》是描写人类精神艰难的心路历程，对善良或邪恶的人的不同处置，或下地狱，或留净界，或升天堂，判别标准都是依照正宗的神学伦理原则。

《神曲》的布局和结构具有象征性，而象征是中世纪美学表现的最基本原则。"象征"是两事物之间个别特征的相近、类似、相同，这形成了象征在内容方面的特点是"只及一点，不及其余"。中世纪基督教充分利用象征手法宣扬教义，以增加教义的神圣性和神秘性，形成了其艺术表现传统和审美习俗。

诗人借助基督教救赎观念和地狱、炼狱、天堂三界的神学教义结构全诗。但丁认为，人生有两种幸福："今生的幸福在于个人行善；永生的幸福

▲ 但丁与其终身热恋的贝特丽丝相会于"旧桥"
贝特丽丝成为但丁作品中一个神化的女性，并在《神曲》中引导但丁"游历天堂"。

在于蒙受神恩。""此生的幸福以人间天国为象征，永生的幸福以天上王国为象征。此生幸福须在哲学（包括一切人类知识）的指导下，通过道德与知识的实践而达到。永生的幸福须在启示的指导下，通过神学之德（信德、望德、爱德）的实践而达到。"

在《神曲》中，但丁精心安排了两个人物作为自己的导师，一为象征理性、知识的维吉尔，一为象征信仰、虔敬的贝特丽丝。地狱、炼狱和天堂分别对应着"人间天国"和"天上王国"。象征理性的维吉尔只能在"人间天国"里充当诗人的引路者，象征信仰的贝特丽丝才有资格带领诗人进入"天上王国"。这说明，但丁还是将信仰置于理性之上的。

作为新旧交替时期的诗人，但丁不可能不接受中世纪文化的洗礼。虽然但丁的立意是属于中世纪的，但是另一方面《神曲》中表现出的深刻批判精神和新思想的萌芽，则使诗人成为文艺复兴新时期即将到来的预言者。

鲍桑葵指出，对于《神曲》而言，关注点在于灵魂们的命运，尤其是诗人的灵魂的命运。再没有任何作品更富于普遍性，再没有任何作品更富于个性了，甚至再没有任何作品更富于作者个人的悲欢恩怨色彩了。它是我们尝试探索的一个长期的运动的高潮。

整个中世纪，诗人们都是在有意识地避开自己，而他是第一个探索自己灵魂的人。主观的感受在这里有其充分客观的真实和伟大。例如，但丁在政治上主张"消除一切社会弊病，由帝国管理世界，由教会培育灵魂"。像后来的人文主义者一样，但丁崇拜古希腊罗马文化、人文主义精神，强调艺术模仿自然，尊崇人的个人

▲《神曲》插图　羊皮纸·油彩　1490 年　波提切利

波提切利为但丁的《神曲》绘制了大量的插图，这幅画对地狱的描绘有点像中国传说中的奈何桥。

情感和个性自由，以及对自由意志的强调。他是寻求自由而来的；自由是一件宝物，有不惜牺牲性命而去寻求的呢。"研究哲学的大概都要知道：自然取法乎神智和神意。艺术取法乎自然，好比学生之于老师。所以你可以说：艺术是上帝的孙儿。"

但丁是中世纪的最后一位诗人，也是新时代的第一位诗人，他已经在轻叩文艺复兴之门。

# 达·芬奇的画论

一个女人，身着华丽的连衣裙，梳着时髦的贵族发型，一绺绺鬈发散在双肩，体态丰满，两颊绯红，纤指曼妙，玉手如兰，那神奇而专注的目光，那柔润而微红的面颊，那由内心牵动着的双唇，那含蓄、模棱两可的微笑所流露出的讥讽与挑衅，拷问着人类的理性，成为一个难解的历史悬谜：她到底是谁？向谁微笑？为何如此微笑？这就是法国著名的罗浮宫三件宝之一的《蒙娜丽莎》。《蒙娜丽莎》出自意大利文艺复兴时期的达·芬奇之手。

列奥纳多·达·芬奇（1452～1519），这个被恩格斯称为"巨人中的巨人"，是意大利文艺复兴时期——一个产生巨人的时代——最负盛名的艺术大师。以博学多才著称，在数学、力学、光学、解剖学、植物学、动物学、人体生物学、天文学、地质学、气象学以及机械设计、建筑工程、水利工程等方面都有不少创见和发明。他随身带的笔记手稿已发现有7000多页，可惜没有完整的著作发表。

达·芬奇于1452年生于佛罗伦萨郊区芬奇镇。达·芬奇幼年的生活非常坎坷，他的母亲被丈夫遗弃后生下达·芬奇，母子二人生活非常贫困，村人都说他是私生子，因此并无冠上父姓，其名字在意大利文中是"芬奇村的列奥纳多"之意。

▲ 达·芬奇自画像

## 天才少年

上天有时将美丽、优雅、才能赋予一人之身，他之所为，无不超群绝寰，显示出他的天才而非人间之力。

少年的他，天资聪颖，仪表俊美，举止优雅，对事物充满好奇和认真研究的可贵品质。天资引领年轻的他注定创造出一个又一个奇迹。

他曾提出一些数学难题让其教师无法解答。

他能作词作曲，而且能即席伴奏演唱。

他臂力过人，能徒手轻易折弯一个马蹄铁。

他能画一个逼真的盾牌，而其父亲看后，逼真到让他父亲恐慌而逃，那时，他还是个 14 岁的孩子，从而被称为小画家。

他能通过观察千只鸡蛋而练习画蛋，提高自己的绘画基本功。

达·芬奇曾以军事工程师、建筑师、画家、雕刻家和音乐师的身份为米兰公爵工作了 17 年之久。

理想和对梦想的忠诚使他没有停止自己的探索脚步，他一生都在为梦想而奋斗，创造奇迹。

他还曾研究过人的眼球，设计光学仪器。

51 岁的他盼望着像鸟儿一样扇动起飞翔的翅膀，但用手臂和双腿驾驭的飞行器片刻间就摔碎了飞行的梦想。

他曾试图雕塑世界上最大的骑士青铜雕像，而重达 10 吨的金属溶液和千百次破碎的模具不得不让他把骑士改成步行的姿势。在他死后 100 年，西班牙人继续尝试这一技法，

▲图中的这位老人在助手的帮助下正聚精会神地做着实验，左手飞快地记录着实验结果。若不是身后墙壁上的人体速描和《蒙娜丽莎》表明了他的真实身份，可能不会有人想到他就是科学家达·芬奇。

才建立起一座马上骑士的纪念碑。

他曾做出"太阳是不动的"结论，早在哥白尼之前就否定了地球中心说，并幻想过去利用太阳能。

他曾根据自己的解剖试验画出有史以来第一幅有关动脉硬化的解剖图。

达·芬奇1485年设计的降落伞草图，日后，被一个英国男子用它制成了降落伞。

达·芬奇为土耳其横跨两大洲的伊斯坦布尔市绘制了一幅美妙绝伦的拱形桥设计草图，500年后，设计师根据这个草图，把它架设在挪威首都奥斯陆，成功地证明了达·芬奇设计该桥的原理是可行的。这座桥叫作"蒙娜丽莎桥"。

他仅用12幅完整的作品就奠定了最伟大的画家的地位。

1519年5月2日达·芬奇去世于安伯瓦兹。

达·芬奇的生命是一条没有走完的道路，路上撒满了未完成作品的零章碎页。他留给后人12幅绘画作品和7000多页手稿、设计图。《论绘画》是后人从达·芬奇18本笔记中抽取出来编撰而成的，有人称它是整个艺术史上最珍贵的文献。

科学史家丹皮尔这样评论道："如果他当初发表他的著作的话，科学本来一定会一下就跳到一百年以后的局面的。"达·芬奇无论是在艺术领域，还是在自然科学领域，都取得了惊人的成就。他的眼光与科学知识水平超越了他的时代。

## 绘画是一种科学

一位达·芬奇的传记作者对《最后的晚餐》是这样评价的："科学和艺术成了婚，哲学又在这种完美的结合上留下了亲吻。"

达·芬奇说："正确的理解来自以可靠的准则为依据的理性，而正确的准则又是可靠的经验，亦即一切科学与艺术之母的女儿。"而我们的一切知识来源于我们的感觉。这构成了达·芬奇全部美学思想的哲学基础。

他是个经验论者。一切科学都是通过我们感官经验的结果。罗素解释说："所谓经验主义即这样一种学说：我们的全部知识（逻辑和数学或许除外）都是由经验来的。"

达·芬奇指出："一切可见的事物一概由自然生养。"达·芬奇认为绘画是自然界一切可见事物的模仿者，是"自然的合法的女儿，因为它是从自然产生的，我们应当称它为自然的孙儿"。绘画可以让人在一瞥间同时见到一幅和谐匀称的景象，如同自然本身一般。

因为绘画依靠视觉，所以它的成果极其容易传给世界上一切时代的人。眼睛能把整个世界的美尽收眼底。达·芬奇继承了古希腊的"艺术就是对自然的模仿"的现实主义学说，认为假如你不是一个能用艺术再现自然一切形态的多才多艺的能手，也就不是一位高明的画家。

他提出了著名的"镜子比喻"，认为镜子为画家之师。画家的头脑应该像一面镜子，经常把所反映的事物的色彩搬进来，面前摆着多少事物，就摄取多少形象。但是画家应该研究普遍的自然，要运用组成每一事物的类型的那些优美的部分，用这种办法，他的心就像一面镜子，真实地反映面前的一切，就会变成好像是第二个自然。而这个反映的是必然性是自然界的指导者

▲ 最后的晚餐　达·芬奇　现藏于米兰格拉齐圣玛利亚修道院

▲ 蒙娜丽莎 达·芬奇 意大利 现藏于巴黎罗浮宫

和抚育者。必然性是自然界的主题和发明者，既是控制力，又是永恒的规律。所以，画家与自然竞赛，并胜过自然。

达·芬奇的美学思想概括起来就是美是和谐的固定形式。达·芬奇说："美感完全建立在各部分之间神圣的比例关系上，各特征必须同时作用，才能产生使观者如醉如痴的和谐比例。"而人体比例是最神圣的比例。

在论及绘画艺术的性质与美学特征时，达·芬奇认为绘画比诗歌更具有直观的真实性，比音乐更富有形象性、客观性和视觉感受的真实性；比雕塑更富有色彩；总之，绘画是一门最富有创造性的、最自由的艺术。这样，达·芬奇就总结出了绘画的美学特征：自然性、真实性、直观性、客观性、永久性、创造的自由性。而绘画里最重要的问题，就是每一个人物的动作都应当表现其精神状态，例如欲望、嘲笑、愤怒、怜悯等在绘画里人物的动作在种种情形下都应当表现内心的意图。

为了能够创造出更为真实的第二自然，在绘画技巧上，达·芬奇非常重视自然科学在绘画中的作用，达·芬奇研究透视学、色彩学、解剖学、比例学和构图学等科学。用这些科学的理论来指导自己的绘画。例如，他曾亲自解剖过 30 多具尸体。他认为透视学是绘画的缰辔和舵轮。达·芬奇还提出创造性的色透视法，打破了欧洲两千余年来绘画以轮廓线为主体的传统。

达·芬奇在绘画理论和创作上取得的成就，结束了"绘画是工艺"的时代，开创了"绘画是以科学为基础的艺术"的时代。所以达·芬奇说："绘画，实际上是科学和大自然的合法女儿。"

达·芬奇是意大利文艺复兴时期第一位画家，也是整个欧洲文艺复兴时期最杰出的代表人物之一。他是思想深邃、学识渊博、多才多艺的艺术大师、科学巨匠、文艺理论家、大哲学家、诗人、音乐家、工程师和发明家。

他在几乎每个领域都做出了巨大的贡献。后代的学者称他是"文艺复兴时代最完美的代表"，是"第一流的学者"，是一位"旷世奇才"。所有的，以及更多的赞誉他都当之无愧。

达·芬奇所写的《绘画论》是文艺复兴时期艺术美学理论的经典著作。达·芬奇把人文主义的自然观同科学的形式主义美学完美地结合起来，和米开朗琪罗和拉斐尔等艺术家一起把艺术推向了西方造型艺术继古希腊之后的第二次高峰，预示着文艺复兴的到来。

# 王夫之论诗

王夫之（1619～1692），字而农，号姜斋，中年别号卖姜翁、壶子、一壶道人等。晚年隐居于衡阳金兰乡（今曲兰乡）之石船山附近，自号船山老农、船山遗老、船山病叟等，学者称为船山先生。湖南衡阳人，中国明末清初启蒙学者、唯物主义哲学家。

王夫之出生于一个书香世家，父亲、叔父、兄长都是饱学之士，他自幼受家学熏陶，从小聪慧过人。4岁入私塾读书，7岁读完了《十三经》，被视为"神童"。14岁考中秀才，自16岁时开始学习"韵学韵语，阅读今人所作诗不下万首"。1642年，24岁的王夫之与大哥在武昌考中举人。

1638年，19岁的王夫之来到长沙岳麓书院读书。王夫之在这里饱览藏书，专注学问，与师友们"聚首论文，相得甚欢"。他关心动荡的时局，与好友组织"行社"、"匡社"，慨然有匡时救明之志。清军入关后，他上书明朝湖北巡抚，力主联合农民军共同抵抗清军。1647年，清军攻陷衡阳，王夫之的二兄、叔父、父亲均于仓皇逃难中蒙难。次年、他与好友管嗣裘等在衡山举兵抗清，败奔南明，后被永历政权任为行人司行人。为弹劾权奸，险遭残害，经农民军领袖高一功仗义营救，始得脱险。逃归湖南，隐伏耶姜山。1652年，李定国率大西农民军收复衡阳，又派人招请王夫之，他"进退萦回"，终于未去。从此，隐伏湘南一带，过了3年流亡生活。曾改姓名扮作瑶人，寄居荒山破庙中，后移居常宁西庄源，以教书为生。伏处深山，常常是"严寒一敝麻衣，一褛袄而已，厨无隔夕之粟"。刻苦研究，勤恳著述，历40年"守发以终"（始终未薙发），拒不入仕清朝，最后以明遗臣终生。

51岁时他自题堂联："六经责我开生面，七尺从天乞活埋"，其治学以"六经责我开生面"为宗旨，力图"尽废古今虚妙之说而返之实"，反映出他的学风和志趣。71岁时他自题墓石："抱刘越石之孤忠"、"希张横渠之正学"，表白他的政治抱负和学风。

"其学无所不窥，于六经皆有发明，洞庭之南，天地之气，圣贤学脉，仅此一线耳。"王夫之学识极其渊博，举凡经学、小学、子学、史学、文学、政法、伦理等各门学术，造诣无不精深，天文、历数、医理、兵法乃至卜筮、星象亦旁涉兼通，且留心当时传入的"西学"。他的著述存世的约有73种，401卷。所著后人编为《船山遗书》。

章炳麟称："明末三大儒，曰顾宁人（顾炎武）、黄太冲（黄宗羲）、王而农（王夫之），皆以遗献自树其学。"

谭嗣同称王夫之："五百年来学者，真通天下之故者，船山一人而已。"

王夫之在哲学上总结和发展了中国传统的唯物主义，认为"尽天地之间，无不是气，即无不是理也"，以为"气"是物质实体，而"理"则是客观规律，王夫之坚持"理依于气"的气本论。指出："盖言心言性、言天言理，俱必在气上说，若无气处，则俱无也。"

他强调"天下唯器而已矣"，"无其器则无其道"，"尽器则道在其中"，从"道器"关系建立其历史进化论。得出了"据器而道存，离器而道毁"的

▲ 王夫之像

结论。《周易》中说：形而上者谓之道，形而下者谓之器。道、器由此而来，王夫之认为：器也，变通以成象。道也，圣人之义所藏也。形而上是当然之道，形而下则是一类事物的具体形态。他的观点最重要的是，当然之道必依附于具体事物。即道应依附于器。

在知、行关系上，强调行是知的基础，反对陆王"以知为行"和禅学家"知有是事便休"的论点，得出了"行可兼知、而知不可兼行"的重要结论。人性论上，王夫之反对程朱学派"存理去欲"的观点。他认为物质生活欲求是"人之大共"、"有欲斯有理"。"私欲之中，天理所寓"，认为人既要"珍生"又要"贵义"。

王夫之善诗文，工词曲，论诗多独到之见。

王夫之的诗学美学说是中国古典诗学美学的总结。中国古典美学融汇了"儒、释、道"三家美学思想，提出了一系列如"文与道、情与理、景与情、意与势、形与神、虚与实、通与变"等审美概念，使艺术表现达到"美与善"、"情、景、理"、"人与自然"的浑而合一的完美境界。

王夫之诗学思想的核心就是"内极才情，外周物理"。王夫之认为，对于作家来说，最重要的就是要"内极才情，外周物理"，要经过作者主观的

▲ 林榭煎茶图　明　文徵明

此画表现了文人悠闲、恬淡的生活情趣。这是对文人自身生活的描绘，抑或是对理想生活的向往。

艺术创造，去反映客观事物的本质和规律。

王夫之区分了大家和小家，认为能达到内极才情，外周物理的就是大家，这也是王夫之提出的关于诗歌创作的基本原则或理想，是伟大诗人所能企及的最高境界。

"意不逮辞，气不充体，于事理情志全无干涉，依样相仍，就中而组织之，如廛居梐枑，三间五架，门庑厨厕，仅取容身，茅茨金碧，华俭小异，而大体实同，拙匠窭人仿造，即不相远：此谓小家。李、杜则内极才情，外周物理，言必有意，意必由衷；或雕或率，或丽或清，或放或敛，兼该驰骋，唯意所适，而神气随御以行，如未央、建章，千门万户，玲珑轩豁，无所窒碍：此谓大家。"

"才情"，即灵心巧手、文心笔妙。"内极才情"是诗人心灵手巧的充分展现，是即物达情、文心独运的艺术表现力或创造力的高超发挥。"理"是天地万物运动、变化、发展的规律。物理，即万物之理、人情物理或人伦物理。"外周物理"意味着与物通理，理随物显，呈现神理，得写神之妙。

王夫之认为佳作以物象呈现物理或神理。他说"字中句外，得写神之妙"，认为古之为诗者"以一性一情周人伦物理之变而得其妙"。神理就是"神化之理，散为万殊而为文，丽于事物而为礼"，亦即"通天地万物之理而用其神化"。"神"，不仅在天地万物，也在人。王夫之说，人为得万物神气之秀而最灵者，"神之有其理，在天为道，凝于人为性"。

在先秦时期，就已产生了"诗言志"和"缘情"的争论。所谓"诗言志，歌永言，声依永，律和声"成了儒家诗论的标志性表述。后来，《毛诗序》又提出"发乎情，止乎礼义"。在魏晋时期，陆机在《文赋》中重提"诗缘情而绮靡"，确认诗的本质属性产生于人的情感。"情"与"礼"的争论发展到宋、元转化成"情"、"理"之争。严羽所谓诗"不涉理路，不落言筌"对诗歌理论影响很深。后来，李贽倡导"童心"说，公安三袁有"性灵"说。

王夫之能博采众家所长，成一家之言。他说："曲写心灵，动人兴观群怨。"他指出，诗歌既要表现情，又要表现理。而这种理，不是道学家的道德教训；这种情不是公安派等流弊所在的俗艳轻浮之情。王夫之指出，主张言志、载道的主理派偏重于诗的教化作用而又忽视了诗的审美价值，而主张诗缘情、摅性灵的主情派往往偏于诗的审美独立性，而忽视诗歌中情理互渗的特征。"诗以道性情，道性之情也。性中尽有天德、王道、事功、节义、礼乐、文章，却分派于《易》、《书》、《礼》、《春秋》去，彼不能代诗而言性之情，诗亦不能代彼也。"

王夫之指出，诗歌和音乐一样，都是人的"心之元声"的体现。他指出："诗以道情，道之为言路。诗之所至，情无不至。情之所至，诗以之至。"他提出诗歌应该是人的真实情感的流露，是对唐代白居易的"诗根情"的继承和发展。他划分了"浪子之情"与"诗情"的界限。他说："经生之理，不关诗理，犹浪子之情，无当诗情。"王夫之说："诗言志，非言意也。诗达情，非达欲也。"他认为理与情是和谐统一的，诗理应寓于形象之中。

王夫之承接了刘勰在《文心雕龙》里"登山则情满于山，观海则意溢于海"的说法，丰富了传统的"情景说"，形成了以情景相生、情景交融、情景合一为纲领的情景说。王夫之对中国古代的情景说作了全面而系统的总结，其情景说也体现了中国古代美学和古代艺术的基本精神。

他认为情景二者"虽有在心、在物之分"，但在任何真正美的艺术的创造中，景生情、情生景，二者是相辅相成、不可分裂的。精于诗艺者，就在于善于使二者达到妙合无垠、浑然一体的境界。他说："情景名为二，而实不可离。神于诗者，妙合无垠。巧者则有情中景，景中情。景中情者，如'长安一片月'，自然是孤栖忆远之情；'影静千官里'，自然是喜达行在之情。情中景尤难曲写，如'诗成珠玉在挥毫'，写出才人翰墨淋漓、自心欣赏之景。"二者相比较，王夫之认为"情中景"更难写。

王夫之认为情景是不可分离的，说："情景虽有在心在物之分，而景生情、情生景，哀乐之触，荣悴之迎，互藏其宅。"王夫之生动地指出"情、景"内在统一，便可以构成审美意象。"景中生情，情中含景，故曰，景者情之景，情者景之情也。高达夫则不然，如山家村筵席，一荤一素。"而且是情景同时产生的，"夫景以情合，情以景生，初不相离，唯意所适"。

真正美的艺术创作，自觉做到与追求"情、景、意"的统一，应该"含情而能达，会景而生心，体物而得神"。一片风景就是一幅心灵的图画，一种情感就是一片风景的化身；真正的艺术世界，是景化了的情感世界，是情化了的景的世界。这其实就是王夫之所说的"化境"。"含情而能达，会景而生心，体物而得神，则自有灵通之句、参化工之妙。"

船山墓庐上的石刻对联，可谓对其一生盖棺论定："前朝干净土，高节大罗山。世臣乔木千年屋，南国儒林第一人。"

# 第四章

# 理性精神的 17 世纪美学

## 笛卡儿为理性主义美学奠基

勒内·笛卡儿（1596～1650），法国哲学家、数学家、物理学家。他对现代数学的发展做出了重要的贡献，因将几何坐标体系公式化而被认为是"解析几何之父"。

笛卡儿堪称 17 世纪及其后的欧洲哲学界和科学界最有影响的巨匠之一，被誉为"近代科学的始祖"。

他还是西方现代哲学思想的奠基人，黑格尔称他为"现代哲学之父"，"是一位了不起的英雄"。

笛卡儿的父亲是地方议会的议员，同时也是地方法院的法官，母亲是名门闺秀。笛卡儿是第四个孩子，其上有大哥及二姐，三哥早年夭折。笛卡儿出生不久，母亲便因肺病去世。当时他那幼小的生命亦陷于垂危之中，甚至医生也断定没有生存的希望。幸亏一位热心的护士悉心照顾，方使他起死回生。也许就是为了这个缘故，他的名字叫重生。

▲笛卡儿在科学上的贡献是多方面的，他著有关于生理学、心理学、光学、代数学和解析几何学方面的论文和专著，而他的"普遍怀疑"和"我思故我在"的哲学思想对后来的哲学和科学的发展，产生了极大的影响。同时他也是理性主义美学的奠基人。

他对周围的事物充满了好奇，从小养成了喜欢安静、善于思考的习惯。父亲见他颇有哲学家的气质，亲昵地称他为"小哲学家"。可是他们父子俩相处得并不融洽，他自己曾经说，他是父亲最不喜欢的孩子。他与兄弟之间的感情，似乎也不怎么深厚。可能是因为这个缘故，他经常离乡背井单独外出旅行，并且对待朋友特别情深。在他小时候的玩具中，他最喜欢一个斜视的洋娃娃，因而长大以后，他对于具有缺陷的人一直怀有好感。

8岁时，笛卡儿就进入拉夫赖士的耶稣会学校接受教育，受到良好的古典文学以及数学训练。笛卡儿的老师对他的评价是：聪明，勤奋，品行端正，性格内向，争强好胜，对数学十分喜爱并具有这种能力。他对学校的旧的教育方式不满，气愤地称他所学的教科书是博学的破烂。

1613年到巴黎学习法律，1616年毕业于普瓦捷大学。他的父亲想使他增长见识，所以在1617年带他到花都巴黎。但是他对都市里豪华放荡的生活丝毫不感兴趣，吸引他的唯有与数学有关的赌博。据说他演算精明，料事如神，多次使庄家倒庄。

1617年的一天，笛卡儿在大街上闲逛，偶然发现墙上贴有一张广告，他因好奇心的驱使，去看个究竟。然而，广告是用荷兰文写的，笛卡儿不认识。他抬起头来，四处张望，希望能找到一个懂荷兰文的人替他翻译一下。正好，有一个人走过来了，笛卡儿迫不及待地跑过去，请求他把广告翻译出来。那个人凑巧是荷兰大学校长，很高兴地把广告给笛卡儿翻译成法语。原来广告上是一道几何难题，公布于众，悬赏征求解答。笛卡儿理解了题目的意思后，在数小时内就求得了解答，锋芒初露，使他看到自己在数学上的才能。

笛卡儿决心游历欧洲各地，专心寻求"世界这本大书"中的智慧。因此他于1618年在荷兰入伍，随军远游。1619年11月10日的夜晚，笛卡儿连续做了三个奇特的梦。第一个梦是：自己被风暴从教堂和学校驱逐到风力吹不到的地方；第二个梦是：自己得到了打开自然宝库的魔钥；第三个梦是：自己背诵奥生尼的诗句"我应该沿着哪条人生之路走下去"。正是因为这三个梦，笛卡儿明确了自己的人生之路，可以这样说，这一天是笛卡儿一生中思想上的转折点。因而有人说，笛卡儿梦中的"魔钥"就是建立解析几何的线索。有些学者也把这一天定为解析几何的诞生日。

　　1621 年笛卡儿退伍，并在 1628 年移居荷兰。他写道："在这个国家里，可以享受充分的自由；在那里可以毫无危险地安然入睡。"在那里住了 20 多年，为了"隐藏得好的人才活得好"这个座右铭，更换了多次住所，但通常都是选择在一座大学或著名的图书馆附近。他的收入允许他租用一所小别墅，并雇用几个佣人。他终生没有结婚，不过住在荷兰期间，有过一位名叫海伦的情妇，她为笛卡儿生了一个女孩。笛卡儿非常爱她，可惜这个女孩 5 岁就夭折了，这是他平生最大的悲伤，为此笛卡儿伤心了很久。他把一生献给了对真理的追求与探索。

　　笛卡儿分析了几何学与代数学的优缺点，表示要去"寻求另外一种包含这两门科学的好处，而没有它们的缺点的方法"。体质虚弱的笛卡儿病倒了。他躺在病床上，依然思索着数学问题。突然，他的眼前一亮，一股脑儿从床上坐起来，目不转睛地望着天花板。原来，笛卡儿看到一只蜘蛛正忙忙碌碌在墙角结茧。它一会儿在天花板上爬来爬去，一会儿又顺着吐出的银丝在天空中移动。有时它离左壁近，离右壁远，离地面低；有时它又离左壁远，离右壁近，离地面高。总之，随着蜘蛛的爬动，它和两面墙的距离以及地面的

▲此图描绘了笛卡儿的故乡莱耳市的建筑群。

▲此图描绘的是笛卡儿给瑞典女王克里斯蒂娜上哲学课的情形。

距离，也不断地变动着。笛卡儿从蜘蛛结茧又联想起在军队时做过的梦，于是决定用点到两条垂直直线的距离来表示点的位置，这就是笛卡儿坐标。有了笛卡儿坐标，就可以把几何问题用代数方法来进行研究。笛卡儿创建了一门新的数学分支——解析几何。解析法的诞生，为解答几何三大难题奠定了基石。恩格斯高度评价笛卡儿的工作，他说："数学中的转折点这个想法很重要，它的指导思想是笛卡儿的变数。有了变数，运动进入了数学；有了变数，辩证法进入了数学。"

在荷兰，笛卡儿写完了自己的《几何》，这一著作不长，但堪称为几何学著作的珍宝。他在荷兰发表了多部重要的文集，包括了《方法论》、《形而上学的沉思》和《哲学原理》等。巴特菲尔德对其《方法论》作了高度评价："它是我们文明史上最重要的著作之一。"

1649年2月，瑞典女王克里斯蒂娜邀请笛卡儿到瑞典皇宫教她哲学。她每星期要听三次他的课，但必须在清晨5时给她讲授。他习惯晚起，但是现在要一星期有三天必须半夜起床，然后在酷冷的天气下，从他的寓所颤抖地走到女王的书房上课。如此经过了两个月，1650年2月1日清晨，笛卡儿因为着凉患了感冒，很快地又转成肺炎，病情严重。1650年2月11日，不幸在这片"熊、冰雪与岩石的土地"上与世长辞了。1667年，他的遗骸被运回巴黎，隆重地埋葬在圣格内弗埃——蒙特的圣堂中。1799年，法国政府又把他的遗骸供在法国历史博物馆中，与法国历史上的光荣人物在一起。1819年以后，他的遗骸又被安置在柏雷斯的圣日曼教堂中，供人瞻仰。墓碑上写着：笛卡儿，欧洲文艺复兴以来第一个为人类争取并保证理性权利的人。

## 我思故我在

笛卡儿认为："我们之所以有别于野人和牲畜，只是因为有哲学。而且应当相信，一个国家的文化和文明的繁荣，全视该国的真正哲学家繁荣与否而定。"正是基于这样的信条，笛卡儿开始了欧洲理性主义的哲学。

培根也曾明确地说过："通过在我们时代已开始习以为常的远距离的航海和旅行，人们已揭露和发现了自然界中许多可使哲学得到新的光亮的事物。"这说明那个时代需要的是理性，而不是对教条的信仰。

伽利略对木星有若干卫星、卫星像月亮围绕地球那样绕着木星转这一发现印象尤其深。所有这一切证据都使他确信哥白尼理论的正确性。这对哲学和神学是一次粉碎性的、令人吃惊的打击。他的发现对富有思想的人们的影响是不可抵挡的。

"一切都破碎了，一切都失调了。"不过，这一时期中，知识界有两位领袖并没因这种表面上的混乱而心烦意乱。他们是思想严谨的笛卡儿和弗朗西斯·培根；他们指出了科学的潜力，并在上流社会中把科学提高到可与文学相比的地位。培根使用归纳法，归纳法是从事实开始的。

笛卡儿和培根看问题的方式完全不同。笛卡儿相信，通过清晰的思考，能发现理性上可认识的任何事物。到这一世纪末，笛卡儿的弟子已大量增加，不计其数。用一位历史学家的话来说："各大学都信奉笛卡儿哲学，侯爵、科学业余爱好者、柯尔贝尔和国王都是笛卡儿哲学的信徒。法国将动词'使成为笛卡儿主义者'变位，欧洲热烈地仿

▲ 伽利略肖像画

他在宗教法庭酷刑的威逼下，被迫当众宣布放弃其异端的观点。

效。"这种普及的意义在于，理性的探究和判断被扩展到各领域。所有的传统和权威都必须接受理性的检查。

笛卡儿通过普遍怀疑的方法，指出不能信任我们的感官，想象把握不住事物的本质，而意志又常常犯错误。"要想追求真理，我们必须在一生中，把所有的事物都来怀疑一次。"他得出，"当我思维的时候'我'存在，而且只有当我思维时'我'才存在。假若我停止思维，'我'的存在便没有证据了。"所以，他必须承认的一件事就是他自己在怀疑。而当人在怀疑时，他必定在思考，由此他得出"我思故我在"（I think，therefore I am）。

笛卡儿将此作为形而上学中最基本的确定性，由此点出发，笛卡儿便开始动工重建知识大厦。他认为宇宙中共有两个不同的实体，即精神世界和物质世界（"灵魂"和"广延"），两者本体都来自于上帝，而上帝是独立存在的。他认为，只有人才有灵魂，人是一种二元的存在物，既会思考，也会占空间。

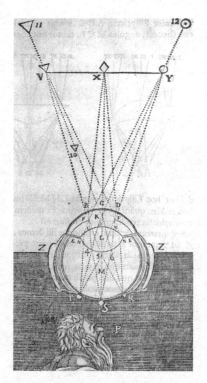

▲笛卡儿的《论人》被看作是第一部生理学著作，该图显示了对图像的感官认知过程与肌肉反应之间的假想关系。

"'我'是一个作为思维的东西，其全部本性或本质在于思维作用，而且为了它存在并不需要有场所或物质事物。由于思维是精神的本质，精神必定永远在思维，即使熟睡时也如此。"要理解人脑从哪里获得思想，笛卡儿则回答道："天使会告诉我。"而动物只属于物质世界。他把人和动物的肉体看成机器；动物在他看来完全是物理定律支配，缺乏情感和意识的自动机。

能思维的人是美的，具有秩序的、规律的自然是美的，用理性指导的人类行为是美的。在笛卡儿看来，上帝就是"灿烂的光辉之无与伦比的美"。从天体到数量，都是上帝的作品，是美的载体，在纷繁的万物之下潜藏着和谐有序的自然规律，研究自然事物的规律就是观照上帝的美，无知就是最无意义的生活。因此，对称、简单、和谐等成为科学家广泛谈论的话题。笛卡儿是最先提出和确立科学美学信念的哲学家之一。

在西方美学史上，近代理性主义美学几乎是被遗忘的角落。正如鲍葵所指出："严格意义上的哲学在这一时期几乎完全没有在任何名目下讨论过美学问题。"美学之于这些理性主义者，或许是意外的收获。而这个理性主义对新古典主义时代的文艺实践和理论却产生了广泛和深刻的影响。最主要的影响就是为审美制定了规则，一切都有一个中心的标准，一切要有法则，一切要规范化，一切要服从权威，而这就是"理性"，也就是"良知"，是普遍人性。只有来源于理性，依于理性，文艺才有其普遍标准。

# 英国经验主义美学的兴起

十七八世纪的英国，在欧洲是一个先进国家，资产阶级革命和工业革命在英国比在其他欧洲国家都早一百多年。政治上的"自由"概念，宗教上的"自然神"概念，哲学上的经验主义以及文学上反映上升资产阶级要求、侧重情感和想象的浪漫主义理想都是由英国传到欧洲大陆的。

法德两国的启蒙运动在很大程度上都受到英国的影响。恩格斯谈到英国思想家对法国启蒙运动的影响时曾经指出："如果法国在上世纪末给全世界做出光荣的榜样，那么我们也不能避而不谈这个事实：英国还比其早 150 年就已做出了这个榜样。"18 世纪法国哲学家所"阐明的那些思想是产生在英国的"，这番话也适用于德国启蒙运动。

在美学方面，这个时期的英国美学著作和文艺实践也成为法德等国美学思想发展的推动力。英国戏剧的成就帮助了狄德罗和莱辛发展出市民剧的理论，打破了新古典主义的束缚；英国小说的成就帮助了卢梭和其他法国作家发展出反映市民现实生活的小说，英国带感伤气氛的歌颂自然的诗歌在欧洲唤醒了浪漫主义的情调。

虽然英国经验主义美学家们在个别代表的成就上没有人比得上狄德罗和

莱辛，但是他们所代表的倾向对西方美学思想发展的影响却不是狄德罗和莱辛所能比拟的。他们有力地证明了感性认识的直接性和重要性以及目的论和先天观念的虚幻性，对莱布尼茨的理性主义树立了一个鲜明的对立面，推进了经验主义的发展。正是经验主义美学与理性主义美学的对立才引起了康德和黑格尔等人企图达到感性和理性的统一。英国经验主义美学是德国古典美学的先驱。

▲这是17世纪由不知名的画家所创作的培根的肖像。后人根据他的美学思想发展出了影响深远的经验主义美学。

从16世纪末到18世纪中叶的西欧哲学，无论是大陆的理性主义，还是英国的经验主义，因为本体论问题受到中世纪的影响，都开始转向认识论，经验论和唯理论的分歧和论战，也都是围绕着认识论问题而展开的。因为侧重点在认识论问题，就是我们如何能认识这个世界的问题，所以，这两种学派有一个共同点，就是都关注认识主体，无论是作为思想着的还是感觉着的主体。笛卡儿的"我思故我在"体现着大陆唯理论的特征，而洛克的"我们的一切知识都是建立在经验上的，而且最后是导源于经验的"可以作为英国经验论的旗帜。

不论是唯理论还是经验论，目的都是相同的，只是研究方法上的差别，或者说是所强调的重点不同。唯理论重理性，强调演绎，抬高理性的地位；经验论则强调从感性经验出发，重视对客观现象的差异，推崇实验，力求通过经验的分析和归纳的总结而得到真理。经验有两种，一为对外物的感觉，一为对内心活动的反省，这两种经验都离不开人的心理活动。强调经验归纳，必然强调心理活动，因为经验必然是心理活动和感觉的结果。

英国经验论美学就是建立在这样的经验论哲学的基础上和背景下的。因为哲学的本体论基础和认识方法的不同，所以得出的结论也不同。英国经验主义美学家把经验论强调主体感觉经验的世界观和倡导归纳和试验的方法应用到美学研究中，这样就必然要看重审美主体在审美活动中的作用，分析审美主体的感性经验的性质和特点。

英国经验主义美学把对审美主体的研究放在重要地位，随之就有对审美经验相关的感觉、想象、情感、意志等问题的研究，这些方面成为经验主义美学家关注的主要问题，这个时期美学家的兴趣是艺术欣赏的主体，它努力去获得有关主体内部状态的知识，并试图用经验主义的手段去描述和解释这种状态，关注的不是美的本质是什么、美的对象的性质是什么，而是关心主体的心理体验和审美主体吸收、认知艺术作品的一切心理过程。

这个时期的英国经验论美学所获得的美学成果就是"内在感官说"和"审美趣味论"，有的学者把 18 世纪称为"趣味的世纪"。总之，在研究对象上，英国经验主义美学把审美主体和审美主体的经验作为研究的出发点，在研究方法上，强调审美经验和审美心理，侧重归纳和分析的方法。在概念的解释上，力图使古典的美学概念获得新意，从而把古典美学的成果包容进来。本章我们简短介绍培根、洛克的美学思想。

弗兰西斯·培根（1561～1626），英国散文作家、哲学家、政治家，是近代归纳法的创始人，又是给科学研究程序进行逻辑组织化的先驱，所以尽管他的哲学有许多地方欠圆满，他仍旧占有永久不倒的重要地位。

弗兰西斯·培根是新贵族出身，毕业于剑桥大学，毕业后从政。他的主要著作是《伟大的复兴》，包括《论学术的进展》和《新工具》两册。1621年被指控犯有受贿罪而下台。培根过了五年退隐生活后，有一次把一只鸡肚里塞满雪作冷冻实验时受了寒，不久去世。他被称为"科学之光"、"法律之舌"，被马克思称为"现代实验科学的始祖"。

什么是观察试验呢？我们看看黑格尔所举的例子：人并不是停留在个别的东西上的，也不能那样做。他寻求共相；共相就是思想。精神必须从差别上升到类。太阳的热与火的热是不一样的。我们看到葡萄在太阳曝晒下成熟了。为了弄清太阳热是不是特殊的，我们又去观察别的热，发现葡萄在温室中也成熟了；这就证明太阳热并不是特殊的。

什么是归纳呢？我们来看看培根自己的例子：单纯枚举归纳可以借一

个寓言作实例来说明。昔日有一位户籍官须记录下威尔士某个村庄里全体户主的姓名。他询问的第一个户主叫威廉·威廉斯；第二个户主、第三个、第四个……也叫这名字；最后他自己说："这可是够腻了！他们显然都叫威廉·威廉斯。我来把他们照这登上，这样就可以休假了。"可是他错了；单单有一位名字叫约翰·琼斯的。这表示假如过于无条件地信赖单纯枚举归纳，可能走上岔路。这个故事也说明归纳法的缺陷。

培根对自己的方法的评价是，它告诉我们如何整理科学必须依据的观察资料。他说，我们既不应该像蜘蛛（经院哲学家），从自己肚里抽丝结网，也不可像蚂蚁，单只采集，而必须像蜜蜂一样，又采集又整理。这话对蚂蚁未免欠公平，但是也足以说明培根的意思。

培根对于美学的贡献首先应从他的科学观点和科学方法去认识。由于他奠定了科学实践观点和归纳方法的基础，美学才有可能由玄学思辨的领域转到科学的领域，而在实际上由培根思想发展出来的英国经验派的美学也正是朝着科学的道路前进，特别是在对审美对象进行心理学的分析方面。

从古罗马西塞罗以后，美在于形状的比例和颜色，在西方已经成为流行的看法，培根却认为"秀雅合度的动作的美才是美的精华，是绘画所无法表现出来的"。这句话实际上区分了美与媚，以及说明了绘画不宜表现动作。还有，培根强调想象虚构、理想化和艺术家的灵心妙用的美学思想已经含有了浪漫主义的萌芽。

总之，"我们需要用一个名字、一个人物作为首领、权威和鼻祖，来称呼一种作风，所以我们就用培根的名字来代表那种实验的哲学思考，这是当时的一般趋向。"黑格尔如是说。

## 美只是一种观念

约翰·洛克（1632～1704）出身贵族，清教徒，毕业于牛津大学，他原是学习古典文献的，但对亚里士多德和经院哲学感到厌恶，转向实验科学。

他精通医学、化学，1688年成为皇家学会会员。洛克终身未婚，著有《人类理智论》、《政府论》、《论宗教宽容的书信》等著作。英国哲学家、经验主义的开创人。他同时也是第一个全面阐述宪政民主思想的人，在哲学以及政治领域都有重要影响。

洛克是不列颠经验主义的开创者，认为心灵原本是一块白板、一个暗室或一张白纸，其中没有任何先验的观念或文字。我们的一切观念都来自经验。而向它提供精神内容的是经验（即他所谓的观念）。观念分为两种：感觉（sensation）的观念和反思（reflection）的观念。感觉来源于感官感受外部世界，而反思

▲ 洛克像

则来自于心灵观察本身。洛克强调这两种观念是知识的唯一来源。

洛克的经验主义美学是其哲学的一部分，直接就是经验主义哲学认识论在审美领域的应用。洛克认为，美就属于复杂观念之一种。"由几个简单观念所合成的观念，我叫它们为复杂的观念；就如美……"他认为美是一种观念，把美学研究的对象由客体存在转向主体自身分析观念，也就是从分析获得观念的主体心灵活动中寻找美的本质。

他实现了西方美学的主体性转向，而不是像以前，在主体心理之外的理念中或形式中去寻求美的本质。洛克美学的重要意义就在于他从分析认识主体的角度去探讨美，为经验主义美学提供了哲学上的基础和方法论上的指引。侧重审美心理分析、注重主体的感觉经验正是经验论美学的主要特征之一。

出身于贵族家庭和作为新兴资产阶级的代表，洛克的审美教育是极端功利主义的。他认

▲《人类理智论》（1689 年），洛克著。该书系统研究了人类理性的本质和范围，共用 20 年时间完成。

为："在诗神的领域里，很少有人发现金矿银矿。除掉对别无他法营生的人以外，诗歌和游戏一样不能对任何人带来好处。"

# 夏夫兹博里的美学贡献

夏夫兹博里（1671～1713），全名是安东尼·埃势里·库博，夏夫兹博里伯爵第三，1671年2月26日生于伦敦。祖父是著名的辉格党领袖，也是哲学家洛克的挚友。父亲体质孱弱，智力平庸，所以，他在三岁起就由祖父来看护，祖父委派洛克对其进行教育。据说，11岁时，夏夫兹伯里就能很轻松地运用希腊文和拉丁文进行阅读了。

1683年进入温彻斯特的寄宿学校学习，1686年到国外旅行，学习了法语，并接触了欧洲很多著名的思想家、文学家和艺术家。天性害羞，喜欢学术。1689年回到英国，过了5年的深居简出的隐居生活，专心研究古典艺术。1695年24岁当上议员，开始从政，后来遭到排挤。1709年结婚，婚后生有一子。1713年2月15日在那不勒斯因肺病去世。他的重要著作《论人，习俗，意见，时代等的特征》（又名《论特征》），在1711年出版并且产生重大影响。

## 美和善是同一的

如果说英国经验主义哲学和法国理性主义哲学都没有建立完整的美的理论的话，那么作为新柏拉图主义者的夏夫兹伯里，没有仿效法国新古典主义的模式，而是吸收了古典主义的精神，提出了与经验主义和理性主义美学都不同的美学思想，为现代美学提供了最好的基础。

他是一个自然神论者。他认为是洛克把一切基本原则都打破了，把秩序和德行抛到世界之外，使秩序和德行的观念（这就是神的观念）变成不自然的，在我们心里找不到基础。

他认为："凡是美的都是和谐且比例合度的，凡是和谐且比例合度就是真的，所以，凡是既美又真的在结果上就是愉快和善的。美、漂亮都绝不在物质，而在艺术和构图，也绝不在物体本身，而在形式或造成形式的力量。

形式只是作为一种偶然的符号，显示出平息受挑动的感官和满足人类的动物性的事物，而美与善仍是统一的。"

## 审美内在感官说

夏夫兹博里的美学的出发点就是认为人天生就有审辨善恶美丑的能力。审辨善恶的道德感和审辨美丑的美感是相通一致的，在美学史上最早提出审美的特殊感官的"内在感官"或者说是"内在的眼睛"即"第六感官"学说。后来由他的学生哈奇生进一步发挥。审美内在感官说强调审美的直接性、非功利性和社会性，对后来的启蒙运动产生重要的影响。

他认为人天生就有分辨美丑善恶的能力。主观的审美能力，不是视、听、嗅、触、味等外在感觉能力，而是一种心理的、理性的能力，而这种审美能力还不是动物性的那样只有感觉能力。"如果动物因为是动物，只具有感官（动物性的部分），就不能认识美和欣赏美，当然结论就会是：人也不能用这种感官或动物性的部分去体会美或欣赏美，他欣赏美，要通过一种较高尚的途径，要借助于最高尚的东西，这就是他的心和他的理性。"这个理性，他认为相对于外感官而言，它是内在的感官。之所以称它是"感官"，是因为它尽管是心中的理性能力，却具有和感官一样的特点：自然性、直接性、可信性，不需要经过思考和推理，所以它在性质上还不是理性。眼睛一看到形状，耳朵一听到声音，就立刻认识到美、秀雅与和谐。行动一经察觉，人类的感动和情欲一经辨认出，也就由一种内在的眼睛分辨出何为美好端庄的、可爱的、丑陋的、可恶的等，这些分辨既然植根于

▲ 入浴的夫人　荷兰　伦勃朗

画中女主角是伦勃朗的妻子亨德里克，她提起衣裙，小心地迈步下水，脸上显出胆怯、温柔、喜悦的表情，优美、快乐隐藏在平凡、朴素中。画家所要表达的主题正在于此。画面和谐使人产生一种审美的愉悦。

自然，则分辨的能力也就应是自然，且只能来自于自然。

哈奇生在《论美和德行两种观念的根源》中（1725年）作如下区别：外感官（包括视、听、嗅、触、味等）提供的是"简单观念"，而"内在感官"产生的是"复杂观念"，美作为一种认识，属于复杂观念。"把这种较高级的接受观念的能力叫作一种'感官'是恰当的，因为它和其他感官在这一点上相类似：所得到的快感并不起于对有关对象的原则、原因或效用的知识，而是立刻就在我们心中唤起美的观念。"美的快感和在见到利益时由自私心所产生的那种快感是迥然不同的。哈奇生强调审美的内在感官不涉及利害观念，是对其老师的一个补充，对后世美感研究产生了重要的影响。

## 美的三种形式

在作为自然神论者和新柏拉图主义者的夏夫兹伯里看来，宇宙体是预定的和谐，是神的艺术作品，是一切可能世界中最好的世界。恶与丑只是其中一部分，其作用在于衬托整体的和谐完美。人是小宇宙，主体心灵中的理性观念、高尚品德辉映着宇宙的和谐。美作为一种和谐的形式，只能来自物体以外并赋予它以形式的、创造形式的主动者。

创造形式的主动者有两种，"造物主"自然神的"第二造物主"人。神创造了一个和谐的、比例合度的宇宙，把美赋予宇宙和人。人作为"第二造物主"，可以创造出第二自然，他使包括艺术品在内的一切人工制品都具有比例合度的形式，赋予它

▲ 圣马太被召　意大利　卡拉瓦乔

画面上大部分都处在黑暗中，只有主要人物通过来自顶部光线的集中照射而突出出来，这使画面的明暗对比十分强烈，以突出主要人物的善。

们以美。这就有三种美的形式。

第一种是"死形式"，由人或者自然赋予一种形状，本身没有赋予形式的力量。它包括自然物与人所做的一切产品。

第二种是"赋予形式的形式"所产生的美，其有智力，有行动，有作为。这一种形式有双重美，一方面有形式（心的效果），另一方面又有心。它使死形式具有美。

第三种是"造形的普遍的自然"，即造物主上帝、自然神，它是一切美的本原和源泉，它不仅赋予形式于物质，而且创造了"赋予形式于心本身"。因此，它才是第一性的美、最高的美，是美的本源。建筑、音乐以及人所创造的一切都是要溯源到这类美。

## 休谟论审美趣味

大卫·休谟（1711 ～ 1776），18 世纪英国著名哲学家、历史学家和经济学家。他的怀疑论和不可知论在近代哲学的发展中产生巨大影响，康德曾认为是休谟使他从独断的梦幻中苏醒过来。他的知觉经验论对于从 19 世纪下半期以来的现代西方哲学来说影响尤其巨大，成为这一时期一些国际著名学派如马赫主义、实用主义、逻辑实证主义等的主要理论基础。

"家世不论在父系方面或母系方面都是名门。"休谟自己说，"不过我的家庭并不是富裕的，而且我在兄弟排行中也是最小的，所以按照我们乡土的习俗，我的遗产自然是微乎其微的。我父亲算是一个有天赋的人，当我还是婴孩时，他就死了。他留下我和一个长兄、一个妹妹，让我母亲来照管我们。母亲是一位特别有德行的人，她年轻美丽，能尽全力教养子女。我受过普通的教育，成绩颇佳。在很早的时候，我就被爱好文学的热情所支配，这种热情是我一生的主要情感，而且是我快乐的无尽宝藏。我因为好学、沉静而勤勉，所以众人都认为法律才是适合我的行业。"

作为一个小孩，他看上去很木讷。他母亲说他是个很精细、天性良好的

▲ 休谟像

休谟是 18 世纪英国著名的哲学家、历史学家、政治思想家和怀疑论者，他的怀疑论哲学一直影响着后来的哲学家。在美学上，他提出了审美趣味及其标准。

火山口，但是，脑袋瓜子却不怎么灵。"其实他很聪明，12 岁就和哥哥进了爱丁堡大学学习法律。"不过除了哲学和一般学问的钻研而外，我对任何东西都感到一种不可抑制的嫌恶。"他自己说自从开始阅读洛克和克拉克的作品以后，他就从来没有得到过任何信仰的快乐了。

除了短暂时间作为家庭教师、将军的秘书以外，1752 年休谟被选为爱丁堡苏格兰律师协会图书馆馆长，1763 年做驻法国使馆秘书，后来代理公使，与法国启蒙运动领袖狄德罗等有过密切的交往。1767 年休谟担任国务大臣的助理约 11 个月后退休还乡。还获得了英王每年 300 磅的薪金。他一生大部分时间都用来写作。1776 年 8 月 25 日因为肠胃病而去世。这年的 4 月 18 日，他为自己写了陈述生平的自传。

他一生写了几本重要的著作。"任何文学的企图都不及我的《人性论》那样不幸。它从机器中一生出来就死了，它无声无臭的，甚至在狂热者中也不曾刺激起一次怨言来。"《人性论》和《人类理解研究》是他的重要的哲学著作。里面所阐述的经验主义和不可知论思想，使得他成为极少数不朽的人之一。还有被伏尔泰称为"或许是所有历史著作中最好的著作"的《英国史》。1756 年写成了美学论文《论趣味的标准》。还有美学方面的文章《论悲剧》、《论艺术和科学的兴起和发展》。

## 美的本质

17 ~ 18 世纪西方美学发展的一个显著特点是美学成为哲学的一个组成部分。

休谟是英国经验论哲学的完成者，同时也是近代欧洲不可知论的创始人，他也是西方近代怀疑论的主要代表。休谟哲学在他的美学领域占有重要的地位，他是经验主义美学的集大成者，其贡献完全是有独创性的。和他在哲学上的方法一样，在美学上他也主要运用心理分析方法去探讨他所关心的一些基本问题。

首先，他认为伦理学和美学与其说是理智的对象，不如说是趣味和情感的对象。道德和自然的美，只会为人所感觉，不会为人所理解。如果我们企图对这一点有所论证，并且努力地确定它的标准，那么我们所关心的则是一种新的事实，即人类一般的趣味。

其次，休谟讨论了美的本质问题，他说：如果我们考察一下哲学和常识所提出来用以说明美和丑的差别的一切假设，我们就将发现，这些假设全部归结到这一点上，即美是一些部分的那样一个秩序和结构，它们由于我们天性的原始组织或是由于习惯或爱好，适于使灵魂发生快乐和满意。这就是美

▲ 贝戴勒儿童之死　法国　拉耶尔
在休谟看来，因果之间不存在必然联系——即便是痛苦一类基本的情绪也是如此。

的特征，并构成美与丑的全部差异，丑的自然倾向乃是产生不快。因此，快乐和痛苦不但是美和丑的必须伴随物，而且还构成它们的本质。这段话的意思是说，首先，快乐构成美的本质，是美的特征，是美和丑的全部差异。其次，产生美的客观对象必须是各部分之间的秩序和结构。人的天性的原始组织、习惯、爱好是主观方面的构成部分，审美主体的快乐就是由于对象的条件适宜于主体心灵而产生的。

他还认为审美和认识是有区别的："一切自然的美都依赖于各部分的比例、关系和位置；但是倘若由此而推断，对美的知觉就像对几何学问题中的真理的知觉一样完全在于对关系的知觉，完全是由知性或智性能力所做出的，那将是荒谬的。在一切科学中，我们的心灵都是根据已知的关系探求未知的关系；但是在关于趣味或外在美的一切决定中，所有关系都预先清楚明白地摆在我们眼前，我们由此根据对象的性质和我们器官的气质而感觉到一种满足或厌恶的情感。"他举例说："欧几里得充分解释了圆的所有性质，但是对于圆的美在任何命题中都未置一词。理由是不言而喻的。美不是圆的性质，美不在于圆的线条的任何一部分，圆周各部分到圆心的距离是相等的。美仅仅是这个图形在那个因具备特有组织或结构而容易感受这样一些情感的心灵上所产生的一种效果。你们到圆中去寻找美，或者不是通过感官就是通过数学推理而到这个图形的一切属性中去寻求美，都将是白费心思。"

纵观其全部哲学和美学观点，虽然休谟也强调美的来源的客观方面，如对象的合理构造等，但是，归根结底休谟还是认为人的心灵、情感、感受才是美的确定者。

休谟在《论趣味的标准》的论断如下："美不是事物本身的一种性质，它只存在于观赏者的心里。"美是由审美主体的情感附加给对象的，而审美主体的情感则是依存于人心的特殊结构的。

不是美引起美感，而是美感决定美。正如他在《论怀疑派》里所说：在美丑之类情形之下，人心并不满足于巡视它的对象，按照它们本来的样子去认识它们；而且还要感到欣喜或不安，赞许或斥责的情感作为巡视的后果，而这种情感就决定人心在对象上贴上"美"或"丑"、"可喜"或"可厌"的字眼。很显然，这种情感必须依存于人心的特殊构造，这种人心的特殊构造才使这些特殊形式依这种方式起作用，造成心与它的对象之间的一种同情或协调。由此休谟提出了"同情说"。休谟认为，同情产生大多数种类的美。

"同情"（sympathy）在英文中原意并不等于"怜悯"，而是设身处地地分享旁人的情感乃至分享旁物的被人假想为有的情感或活动。现代美学家一般把它叫作"同情的想象"。对象之所以能产生快感，往往由于它满足人的同情心，不一定触及切身的利害。例如我们看到肥沃的丰产的果园，尽管自己不是业主，不能分享业主的好处，但是我们仍可借助于活跃的想象，体会到这些好处，而且在某种程度上和业主分享这些好处，这就是运用了同情。在这里，被称为美的那个对象只是借其产生某种效果的倾向，使我们感到愉快。那种效果就是某一个其他人的快乐或利益。我们和一个陌生人没有友谊，所以他的快乐只是借着同情作用，才使我们感到愉快。以后我们还会看到，同情说在柏克、康德以及许多其他美学家的思想里占有很重要的地位。李普斯一派的"移情说"和谷鲁斯一派的"内模仿说"实际上都是同情说的变种。

休谟还提出了美的"效用说"。我们所赞赏的动物和其他对象的大部分的美是由方便和效用的观念得来的。看到对象的效用，我们便会联想它可以给其拥有者带来利益和引起快乐的效果，所以借着同情也感到愉快。休谟以田地的美为例，指出："最能使一块田地显得令人愉快的，就是它的肥沃性，附加的装饰或位置方面的任何优点，都不能和这种美相匹敌。"

他进一步对此分析说："不过这只是一种想象的美，而不以感官所感到的感觉作为根据。肥沃和价值显然都与效用有关；而效用也与财富、快乐和丰裕有关；对于这些，我们虽然没有分享的希望，可是我们借着想象的活跃性而在某种程度上与业主分享到它们。"可见美和对象的效用固然有关，但这种美却是要借助想象、通过同情作用而实现的。休谟说："世上再没有东西比人的想象更为自由；它虽然不能超出内外感官所供给的那些原始观念，可是它有无限的能力可以按照虚构和幻象的各种方式来混杂、组合、分离、分割这些观念。"

### 审美趣味及其标准

什么是审美趣味？审美是否有共同的标准？审美趣味就是鉴赏力或审美的能力，它是一种具有创造性的情感能力。

首先，他说："世人的趣味，正像对各种问题的意见，是多种多样的——这是人人都会注意到的明显事实。"但是，休谟认为尽管趣味仿佛是变化多端，难以捉摸，终归还是有些普遍性的褒贬原则；这些原则对一切人类的心灵感受所起的作用是经过仔细探索可以找到的。按照人类内心结构的原来条件，某些形式或品质应该引起快感，其他一切引起反感。之所以如此，因为人的自然本性在心的情感方面比在身体的大多数感觉方面还更趋一致，使人与人在内心部分比在外在部分显出更接近的类似。我们想找到一种"趣味的标准"，一种足以协调人们不同感受的规律，这是很自然的；至少，我们希望能有一个定论，可以使我们证实一种感受，否定另一种感受。休谟承认趣味的多样性、差异性、相对性，却没有走向相对主义，这就是说"趣味和美的真实标准"是确实存在的。休谟举例说："同一个荷马，两千年前在雅典和罗马受人欢迎；今天在巴黎和伦敦还被人喜爱。地域、政体、宗教和语言各方面所有的变化都不能使他的荣誉受损。"这说明审美趣味是具有共同性和一致性的。

尽管休谟肯定趣味有普遍原则和标准，却也没有绝对化，他认为时代和本国习俗，以及由于鉴赏者的性格、气质、年龄等方面的不同，对不同作家、不同内容、不同类型、不同风格、不同形式的作品所产生的不同偏好和喜爱也是正当的，有些趣味的差异是正常的、难免的，不能也不必用一种共同标准去协调。

休谟认为："就一个批评家而言，只称许一个体裁或一种风格，盲目贬斥其他一切是不对的；但对明明适合我们的性格和气质的作品，硬要不感到有所偏好也是几乎不可能的事。这种偏好是无害的，难免的；按理说也无须纷争，因为根本没有解决此种纷争的共同标准。"

趣味既然具有普遍原则和真实标准，那么为何人们会脱离趣味的普遍原则和真实标准，会对美做出不同判断和不正确感受？

休谟认为，首先，是因为一切动物都有健全和失调两种状态，只有前一种状态能给我们提供一个趣味和感受的真实标准。

其次，多数人之所以缺乏对美的正确感受，最显著的原因之一就是想象力不够敏感，而这种敏感正是传达较细致的情绪所必不可少的。他举例说：我们不必乞求于任何高奥艰深的哲学，只要引用《堂吉诃德》里面一段尽人皆知的故事就行了。桑科对那位大鼻子的随从说："我自称精于品酒，这绝不是瞎吹。这是我们家族世代相传的本领。有一次我的两个亲戚被人叫去品尝一桶酒，据说是很好的上等酒，年代既久，又是名牌。头一个尝了以后，

◀ 丘比特与普赛克　石雕　意大利　卡诺瓦
这件作品展现爱神丘比特使濒死的普赛克复活的那一刻，表达激情与爱恋、爱与死的主题。丘比特温柔的拥抱与普赛克无尽的依恋巧妙地结合在一起，似一曲低回婉转的音乐，顺着流畅的线条缓缓流动，又随着丘比特未及收拢的双翅徐徐上升，具有一种极美的意境。

咂了咂嘴，经过一番仔细考虑说，酒倒是不错，可惜他尝出里面有那么一点皮子味。第二个同样表演了一番，也说酒是好酒，但他可以很容易地辨识出一股铁味，这是美中不足。你绝想象不到他俩的话受到别人多大的挖苦。可是最后笑的是谁呢？等到把桶倒干了之后，桶底果然有一把旧钥匙，上面拴着一根皮条。"

最后，他认为正当的审美情趣是可以培养出来的。

休谟哲学在美学领域也占有重要的地位，而且从方法论观点来看，其贡献完全是独创性的。休谟改造了美学论战的整个战场。

## "论崇高与美"的问世

柏克（1729～1797），是人类历史上的一个天才、先知，他的很多预言都实现了。用当时一位与他熟识的著名作家的话说，是个"即使和他同在一个街棚里避雨五分钟，你就会受不了，但你会相信自己正和所曾见过的最伟大的人物站在一起"的人。

柏克于1729年6月生于爱尔兰的都柏林，为英国人后裔，文化认同为英国人，后搬回伦敦居住。父亲是有名的律师，信奉新教，母亲则是天主教徒，母亲的宗教信仰给他的影响颇大。1744年就学于都柏林的三一学院，学习古典语言、拉丁语，熟练到能欣赏西塞罗的作品。1750年到伦敦学习法律，但不久即对法律失去兴趣而游学于英格兰和法国。

柏克28岁的时候，发表名为《论崇高和美两种观念的起源》。休谟称之为"一篇精彩的论文"。据说他是19岁开始写作这本书的。他的这部著作是在朗吉努斯以后和康德以前，西方关于崇高和美这两种审美范畴的最重要的文

▲ 柏克像

柏克，英国著名政治家，被认为是保守主义的鼻祖。

献。正如他自己所说："一个人只要肯深入事物内部去探索，哪怕他自己也许看得不对，却为旁人扫清了道路，甚至能使他的错误也终于为真理的事业服务。"1757 年，柏克与一位爱尔兰天主教医生的女儿结婚。

柏克的后半生几乎完全与英国及欧洲的政治联系在一起。36 岁时进入政界，接着成为辉格党领袖罗金汉勋爵的秘书而进入下院，任该职直至后者于 1782 年去世。1774 年，他被选为布里斯托尔的下院议员，任期 6 年。1780 年，作为罗金汉勋爵控制的议员选区的下院议员直到 1794 年退休。

这个政治敏锐力、雄辩才能唯有后世的托克维尔和丘吉尔才可企及的政治家、政论家，却是一个悲剧性的人物，是一只"什么也没有捕获到的老鹰"。其在政治思想上颇有建树，主张限制英国王权，对英国国王权力加以制衡；但是他反对法国大革命，反对自由平等，其实是担心民主自由会造成暴民政治，在没有法制中的自由，出现暴动，从某一角度而言具有精英文化的利益取向，是历史上公认的十分精辟之论断。晚年在丧子之痛和对法国革命的仇恨中度过。1797 年 7 月在英格兰的白金汉郡去世。他在哲学上是英国经验派的继承者。

## 崇高的根源和外在形式

柏克是西方美学史上第一个明确区分崇高与美的人。

崇高是西方美学史上的核心范畴之一，流传下来最早的有关崇高的文献是古罗马美学家朗吉努斯的《论崇高》。柏克是西方美学史上对崇高真正做出深入阐述的美学家之一，柏克首次区分了美与崇高。柏克也和同时期的其他美学家一样，在美学领域贯彻了经验主义哲学的方法和认识论观念。

柏克首先把人类基本情欲区分成两类：一类涉及自我保存，这种涉及自我保持的情感注重痛苦或危险，这种负面的情感比快乐的积极的情感更有力，正是这种适于激发痛苦或危险观念、让人产生恐怖情绪的事物是崇高的本源，自我保全是崇高的基础；另一类是社会生活，这种情感要求维持种族生命的生殖欲以及一般社交愿望或群居本能。社会交往是美感的基础：社会交往包括两性之间和一般的交往，这种情欲主要是与爱相联系，它引起的是积极的快感，而爱正是美感的心理内容。这类情欲是爱和美的根源。

　　自我保存的情绪即是当人类的生命受到外界威胁的时候，就会产生恐怖惊惧的情绪；恐怖是崇高的主导原则。只有当这种痛苦的、恐怖的和惊惧的情绪，能够与外界威胁现象保持安全适当的距离时，情绪才会缓和并得到克服，这时候就会产生转化为崇高的感受；崇高感来自于恐怖，人能以保持安全距离而克服恐惧感，就会产生崇高，然而如果人要是沉溺、深陷在惊恐中，就不可能产生崇高的感觉。

　　柏克说："凡是恐怖的也就是崇高的。"恐怖是由于害怕危险和死亡。因此无论是自然界或是现实生活中，凡是令人恐怖的事物便是崇高。尤其是力量，没有一个崇高的事物不是力量的变形。体积庞大显然是一种力量，而朦胧不清的形象，激起更动人的想象，所以比清朗的形象更崇高。对视觉引起恐怖情感的事物是崇高的，如毒蛇、猛兽、深不可测的海洋，等等。

　　崇高具有巨大的力量，不但不是由推理产生的，而且还是人来不及推理，就用它的不可抗拒的力量把人卷走。惊恐是崇高的最高效果。柏克认为，崇高感和美感都只是涉及客观事物的感性方面，即可用感官和想象力来掌握的性质，这种性质很机械地直接打动人类的某种情欲，因而立即产生崇高感和美感，理智和意志在这里都不起作用。

　　柏克对自然界和社会生活中引发崇高感的事物作了具体分析。第一，是那些巨大的东西，例如无边无际的沙漠、天空，波澜壮阔的海洋等，体积上的庞大是崇高的有力原因。

　　第二，晦暗、模糊、不和谐事物，如埃及神庙、晚上漆黑的四周，就会感受到崇高感。多云的天空比蓝色的天空更壮丽，黑夜比白天更显得崇高和庄严。

　　第三，力量，例如有力量的动物会使人产生恐怖感是由于人们害怕这种力量会带来

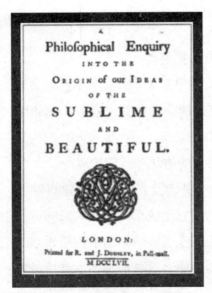

▲ 柏克的美学著作《论崇高和美两种观念的起源》

该书是美学史上的重要作品。

劫虐和破坏，一旦这种力量变成无害，可以为人类所利用，那么，这些动物就不再成为崇高的对象了。在荒野中嗥叫的狼、雄狮、猛虎是崇高的。

第四，巨大的声响和寂静空无，例如滂沱的大雨、狂怒的风暴、雷电。巨大的声音突然停止也能产生崇高的快感。黑夜能增加我们的恐惧，模糊的鬼怪也能使我们的心灵产生震撼。

第五，是无限，无限使精神具有某种令人愉悦的恐惧倾向，这是崇高的本源。宏伟还是崇高的根源，例如星光灿烂的天空，能激起我们壮丽无限的感觉，也是崇高的来源，但是单独一颗星星却不会产生崇高感，因为没有那种无限和壮丽。

## 美的根源和表现形式

柏克认为美和崇高是对立的。如果崇高感是基于人类要保存个体生命的本能，它的对象虽然暗含危险而又不是紧迫的真正的危险，那么它所引起的情绪主要是惊惧，是一种痛感，仿佛由自豪感和胜利感以及劳动或练习转化为快感。

美感则不同。"社会生活"的本能产生情爱、友爱的情绪；愉快的情绪还包括性爱、情爱，交往的本能。本能发展实现，当人充分体验到爱的时候，人就会产生美的感受，故美来自社会生活的本能，当人能积极体验爱的时候，就会变成美。爱正是一般美感的主要心理内容，爱的对象总是具有"人体美的某些特点"。所谓美，是指物体中能引起爱或类似爱的情欲的某一性质或某些性质。爱所指的是在观照任何一个美的事物时心里所感觉到的那种喜悦。爱不等于情欲，情欲是为了占有。爱是在心里所感觉的满意，欲念只是迫使我们占有某些事物的一种心理力量，例如我们可以对一个不太美的女人引起强烈的欲念，但是人类或其他动物的最高的层次美，虽然能引起爱却丝毫不引起欲念，这也说明美和爱所引起的情感是不同于欲念的，尽管欲念和爱有时是共起作用的。

柏克分析了美的外在性质，第一，那些小的东西，会产生让人怜爱的感觉，如小坏蛋产生怜惜的感觉；小鸟、小猫之类，很少听说"一个美丽的大家伙"，我们总是用"小可爱"、"亲爱的"来形容亲昵的喜爱。如小宝贝、小鸟儿等等。

第二，是平滑光亮的东西，例如，树木和花卉的叶子都是光滑的，还有平滑的小溪等等。

第三，曲线的东西，如英国大画家荷加斯即认为蛇行的线是最美的线，还有那些优美的海岸线等等。

第四，颜色上明晰的东西，那些明晰的颜色总能让我们对对象产生美感，色彩鲜明但不刺眼，若有刺眼的颜色要配合其他颜色使其得到调和。

第五，就是很轻很柔的东西，例如娇柔的美女、娇柔的鲜花等等。

总之，美的真正原因是：小、光滑、逐渐变化、不露棱角、娇弱以及颜色鲜明而不强烈等，这些美所存的特质是不随主观而改变的。

## 对美的原因说的批判

柏克对传统的美的原因学说进行了批判。他认为美的原因不在比例、适宜或效用，也不在完善或圆满。美往往被认为是各部分之间某种比例形成的，但是我们可以去怀疑美是否属于比例的一种观念，因为比例几乎只涉及便利，所以应看作理解力而不是影响感觉和想象的首要原因。因为比例是对于相对数量的测量，显然一切数量既然是可分的，任何数量所分成的每一部分都要和其他各部分或全体形成某种关系，这些关系就形成比例关系的根源。例如，天鹅很美丽，但没有比例可言，头小脖子细，身体圆；孔雀美丽，但尾巴过大，也没有比例美感；或者有人认为效用观念就是美的原因，那么男人就会比女人美得多，因为强壮和敏捷就应该看作唯一的美；认为美的东西有的是因为完善才美，但是例如美女虽美，但不完善。美的原因不在于完善，完善本身绝不是美的原因，例如谦虚是对不完善或有缺点的默认，它一般被认为是一种可爱的质量，而且确实加强其可爱质量的效果。

总的来说，柏克是英国经验主义美学的集大成者，对德国古典美学产生了重要的影响。

# 第五章

# 18 世纪启蒙主义美学

## 启蒙主义美学的兴起

启蒙运动是近代思想革命的一个高峰。它大约于 1680 年发生在英国，以后很快地传到北欧大多数国家，并且在美洲也发生了影响。但是启蒙运动的最高表现是在法国，它真正重要的阶段是在 18 世纪。历史上很少有别的运动像启蒙运动那样对人的思想和行动发生如此深刻的影响。

卡西尔说："启蒙运动继文艺复兴运动之后兴起，并且继承了它的精神财富。"而文艺复兴的本质是热爱人和自然，把宗教放在从属的地位。人文主义者一般认为人性是善良的，人文主义者努力要恢复的是希腊和罗马的古代文化。人类，正如莎士比亚在《哈姆雷特》中那段对人类的经典称颂："宇宙的精华！万物的灵长！"启蒙运动的内容和影响都大大超过了文艺复

▶ 爱丁堡大学

在启蒙运动时期，爱丁堡大学有许多知识分子从事各门科学的研究工作。

兴运动。

18世纪是欧洲历史上一个风云变幻的时代，各种新思想、新意识不断涌现。以法国学者为代表的启蒙思想家，自觉地以理性为武器，批判一切、评价一切。他们深信理性是至高无上的，无论是政治还是上帝，都要由它来解释和判断。他们相信理性是引导人们去发现和确立真理的独创性理智力量，它能使人穿透一切迷雾，认识一切未知领域，并使人类过去的一切秘密都将不再隐没于黑暗之中。

在哲学上，笛卡儿的"我思故我在"为理性主义吹响了号角，笛卡儿认为认识世界和取得知识的唯一方法是数学推理；"知识就是力量"是人们肯定自身理性能力的旗帜，培根则提出了从特殊到一般、从具体到抽象的归纳法；而霍布斯说："我们既没有神的观念，也没有灵魂的观念。"

启蒙运动之发生，也与自然科学的发展有着密切的关系。在17~18世纪，自然科学有了突飞猛进的发展，为启蒙思想提供了锐利武器，因为启蒙思想家在许多方面是从新兴的自然科学中寻找理论根据和思想方法的。

在牛顿的启发下，启蒙思想家们力图发现支配人事和社会的永恒法则，正如康德所说："人是自然界的立法者。"

## 什么是启蒙运动

启蒙运动何以能对人的思想和行动产生如此深刻的影响？这一切都与一个词相联系，即理性。"当18世纪想用一个词来表述这种力量的特征时，就称之为'理性'。'理性'成了18世纪的汇聚点和中心，它表达了该世纪所取得的一切成就。"

狄德罗在《百科全书》的"理性"一条中指出，理性除了

◀ 作为启蒙运动的领军人物，伏尔泰的思想全面影响了18世纪的欧洲。

其他含义外，有两种含义是与宗教信仰相对而言的，一是指"人类认识真理的能力"，一是指"人类的精神不靠信仰的光亮的帮助而能够自然达到一系列真理"。启蒙学者所谓的理性就是在这两种含义上使用的。在他们看来，理性是一种"自然的光亮"，他们的使命就是要用这种理性之光去启迪人类，去照亮中世纪宗教神学幕布下的黑暗和愚昧。

正如恩格斯在《社会主义从空想到科学的发展》中所说："宗教、自然观、社会、国家制度，一切都受到了最无情的批判；一切都必须在理性的法庭面前为自己的存在作辩护或者放弃存在的权利。思维着的悟性成了衡量一切的唯一尺度。那时，如黑格尔所说的，是世界用头立地的时代。以往的一切社会形式和国家形式、一切传统观念，都被当作不合理的东西扔到垃圾堆里去了；到现在为止，世界所遵循的只是一些成见；过去的一切只值得怜悯和鄙视。只是现在阳光才照射出来，理性的王国才开始出现。从今以后，迷信、偏私、特权和压迫，必将为永恒的真理，为永恒的正义，为基于自然的平等和不可剥夺的人权所排挤。"

正如托马斯·汉金斯在《科学与启蒙运动》中写道：任何一个相信具有利用其理性改正以往错误的人，都会在启蒙运动中找到价值；启蒙运动所宣传的天赋人权、三权分立、自由、平等、民主和法制的思想，推动了资产阶级的革命和改革，成为近代资本主义社会的立国之本。

### 启蒙运动的影响

启蒙运动还影响到德国、西班牙、意大利、奥地利等几乎全欧所有地区，甚至还横渡大洋，传到了美洲。

启蒙时代的欧洲是法国的欧洲，启蒙运动的中心在法国，法国启蒙运动的领袖则是伏尔泰。他的思想对18世纪的欧洲产生了巨大影响，所以，后来的人这样说："18世纪是伏尔泰的世纪。"

在美学方面，这个时期的英国美学著作和文艺实践也成为法德等国美学思想发展的推动力。英国经验主义美学是德国古典美学的先驱。

英国经验主义美学把对审美主体的研究放在重要地位，随之就有对审美经验相关的感觉、想象、情感、意志等问题的研究，这些方面成为经验主义美学家关注的主要问题，这个时期美学家的兴趣是艺术欣赏的主体，它努力去获得有关主体内部状态的知识，并试图用经验主义的手段去描述和解释这种状态，关注的不是美的本质是什么，美的对象的性质是什么，而是关心主体的心理体验和审美主体吸收、认知艺术作品的一切心理过程。这个时期的英国经验论美学所获得的美学成果就是"内在感官说"和"审美趣味论"，有的学者把18世纪称为"趣味的世纪"。

法国在17世纪领导了新古典主义运动。正如爱尔维修说："一个民族的政体的风俗习惯方面所起的变化必然引起他们的审美趣味的变化。"法国新古典主义的原型只是拉丁古典主义。高乃依和拉辛在悲剧方面的成就就在于排场的宏伟，形式技巧的完美和语言的精练，这些都是继承了拉丁古典主义的优秀品质。

在理论方面，布瓦洛的《诗艺》尽管与贺拉斯的《诗艺》时隔千年，但是给人的感觉就是如出一辙。正如马克思谈到法国资产阶级革命时候所指出的那样：穿着古罗马的这种久受崇敬的服装，用这种借来的语言，演出世界历史的新场面。18世纪的启蒙运动者们对新古典主义文艺的体裁种类（史诗、悲剧、喜剧等），题材（大半用古代英雄人物的伟大事迹），语言形式（谨严的亚历山大格）和传统的规则（如三一律），有时感觉到拘束，要求其结合现实生活，有较大的自由。

他们还是赞同新古典主义者所提倡的普遍人性："审美趣味的基本规则在一切时代都是相同的，因为它们来自人类精神中的一些不变属

▲杜·莎特雷侯爵夫人是积极投身于启蒙科学领域为数不多的妇女之一。她将牛顿的《数学原理》译成了法文，还与伏尔泰合作编写了一本关于牛顿自然哲学的著作。

性。"但是，达兰贝尔的话也可以反映出启蒙运动者们对于"规则"的态度："诗人是这样的一个人，人们要求他戴上脚镣，步子还要走得很优美，应该允许他有时轻微地摇摆一下。"

德国正如我们上面提到的那样，在启蒙运动中，也表现出在理论方面的特长。德国启蒙运动是从一个新古典主义运动开始的。德国启蒙运动时期的文艺思想在抽象思考和抽象讨论上的倾向显著。出现了戈特舍德的《批判诗学》和鲍姆加登的《美学》；在内容上，因为现实状况与法国不同，所以复古倾向显著。

## 卢梭提出美与审美力学说

让·雅克·卢梭（1712～1778），他的思想标志着浪漫主义的诞生。

卢梭自己说："上帝在创造我之后，把造我的模子打碎了。"卢梭的自负不是一种盲目的骄傲。他，由一个无人管教的孩子走上光荣之路，一个流浪汉成了思想家，一个染上恶习的学徒成为了严肃的伦理家。

卢梭的高祖原是法国新教徒，因躲避宗教迫害于16世纪中期来到瑞士。

"祖父留下的财产本来就很微薄，由15个子女平分，分到我父亲名下的那一份简直就等于零了，全家就靠他当钟表匠来糊口。我父亲在这一行里倒真是个能手。我母亲是贝纳尔牧师的女儿，家境比较富裕；她聪明美丽，我父亲得以和她结婚，很费了一番苦心。"

他的母亲在他出生后就去世了，他的

▲ 卢梭像

卢梭在哲学上强调情感高于理智，信仰高于理性。在社会政治观方面，提出天赋人权说，主张返回自然，有"自然主义之父"之称。在教育上，被称为"教育史上的哥白尼"，主张让儿童的身心自由发展。在美学上创造了著名的审美力学说。

父亲有读书的癖好。他出生在日内瓦，但是他一生的大部分时间是在法国度过的。卢梭一度因为受迫害而到英国居住，不久又回到法国。他家境贫寒，没有受过系统的教育，当过学徒、杂役、家庭书记、教师、流浪音乐家等。18世纪30年代，与华伦夫人同居期间，生活才稍稍稳定，安心读书、思考问题、写作。

18世纪40年代，卢梭在社会和生活的道路上艰难地踯躅，尝遍人间的辛酸。卢梭一辈子都是在流浪。他寄人篱下却没有失去独立的个性。他的自信、幻想、多愁善感，是他成功的源泉。1749年，他的《科学与艺术》使他一举成名。1755年，发表《论人类不平等的起源和基础》，1761年发表小说《新爱洛绮丝》。1762年，《社会契约论》和《爱弥儿》出版。晚年时最有名的著作是《忏悔录》。

卢梭不但是一个思想家，也是一个文学家和音乐家。他是一个有爱情魔力的人，他作品中饱满的热情赚得了贵妇们的热泪。1745年，苔莱丝·勒瓦塞成为卢梭的情妇，当时她是一个23岁的女仆，她同卢梭同居了

▲卢梭在《爱弥儿》中像一个老学者一样主张进行"否定式教育"，也就是"不传授美德和真理，而是要保证做坏事的心和错误的精神"。

33 年，直至卢梭过世。而且直到最后的弥留之际，卢梭还说自己是世界上最孤独的人。

虽然在生前，他认识很多名人并得到他们的帮助，包括百科全书派的很多人，还有休谟等人，但是他没有得到人们的友谊，可能是因为"他的性格，他的人生观，他衡量价值的尺度，他的本能反应等等，都同启蒙时代加以赞许的东西大相径庭"的原因，但是正如他自己曾言称的那样，后人一定会为他塑像，而且"作为让·雅克·卢梭的朋友，将不是空虚的荣誉"。法国大革命期间，卢梭被安葬于巴黎先贤祠。

《社会契约论》（The Social Contract）也许是卢梭最重要的著作，其开头写道："人生而自由，却无往而不在枷锁之中。"

卢梭的名字与启蒙运动是以一种奇特的方式联系起来的。在启蒙运动中，理性成为时代的唯一原则和精神。启蒙思想家为理性、文明所取得的辉煌成就而自豪，并相信"理性的王国"即将到来。但是，正如赫尔岑所指出的那样："当伏尔泰还在为文明跟愚昧无知作战时，卢梭却已经痛斥这种人为的文明了。"

卢梭认为，人类心灵的破败与艺术、科学的进步成正比，他劝告人们返回自然，认为科学与艺术不是敦风化俗而是伤风败俗。一个健全的社会是不需要装饰的。艺术不是产生于需要，而是产生于奢侈。卢梭强调，艺术与科学的进步并没有给人类带来好处。他认为知识的积累加强了政府的统治而压制了个人的自由，物质文明的发展事实上破坏了真挚的友谊，取而代之的是嫉妒、畏惧和怀疑。

卢梭认为，对人类来说，仅有理性是不够的，因为理性不是道德的充足基础，不能从根本上保证人类为善，理性虽然有助于人认识事物，建构后天的观念或知识，却无助于人类德性的完善。"理性欺骗我们太多了"。"与其用理性的光芒，倒不如按照我的良知所授的旨意去予以解决"。在我们的灵魂深处生来就有一种正义和道德的原则，这就是良心。良心就是我们心灵深处关于正义和道德的先天原则。"按良心去做，就等于服从自然，就用不着害怕迷失方向"。可见，不同于关注科学、理性、文明与进步的启蒙思想家，卢梭更关注人类的精神生活与道德完善。

他还以清教徒一样的态度批判了戏剧。卢梭认为是戏剧动摇了整个社会制度，无耻地破坏了作为整个制度基础的一切神圣关系，令人尊敬的东西成为笑柄，从而使美德丧失、趣味败坏、心灵腐化、风尚解体、信仰崩溃。戏剧不是什么道德学校，而是社会风气和道德水准下降的罪恶渊薮。他引述普鲁塔克讲的一个故事：一个雅典老人在剧院中找不到座位，却遭到满场雅典青年的怪声嘲笑。斯巴达使者见到这一情景，立即起身把老人迎上贵宾席。在卢梭看来，设有剧院的雅典放逐许多伟人，处死苏格拉底，都是在剧院中准备的，这直接导致了雅典的衰落。其次，他还认为观众在剧院里，都忘记了自己的朋友、邻居、亲戚，只一心迷醉于荒诞不经的故事。特别是那些女观众，太太和小姐们在包厢里尽可能展示她们的风姿，就好像在商店的橱窗里等待买主；如果舞台曾经有过什么道德教化，那么一到更衣室就被迅速遗忘了。他还从戏剧的内容，剧场的费用，演员的道德，戏剧的效果等方面进行了批判。剧院中的道德气氛是虚假的，是对剧院外的道德生活的最大亵渎。

卢梭思想的起点恰好是启蒙运动的终点。卡西勒如是评价他："卢梭是启蒙运动的真正产儿，尽管他攻击了启蒙运动而且取得了胜利，卢梭并没有推翻启蒙运动，他只不过是移动了一下启蒙运动的重心。"

### 感伤的自然主义

卢梭没有系统的美学思想，但是卢梭是感伤主义的代表和"浪漫主义之父"。所谓"浪漫主义"，就是强调以自我的情感、个性和自由，而不是以理性作为评判事物的标准。

罗素指出，卢梭是"浪漫主义运动之父，是从人的情感来推断人类范围以外的事实这派思想体系的创造者"。更重要的是他为浪漫主义运动奠定了哲学基础。卢梭说："没有信仰的哲学是错误的，因为它误用了它所培养的理智，而且把它能够理解的真理也抛弃了；上帝存在的问题并不是理性所能解决的。信与不信，任我们自由选择。"

卢梭发出"回归自然"的呐喊，他认为自然曾使人幸福而善良；但文明社会却使人堕落而悲苦，在自然状态（动物所处的状态和人类文明及社会出现以前的状态）下，人本质上是好的，是"高贵的野蛮人"。卢梭劝告人们返回自然，追怀太古时代的纯朴，他为人类远离自然而遗憾。他指出人的全部习惯都只是一种强制、束缚和服从，人从生到死都处于奴役之中，他一出生就被裹在襁褓之中，死后则被钉于棺木内，只要当他保留着人的面孔活在世上，他就总为文明教育所羁绊。

卢梭认定："出自造物主之手的东西，都是好的，而一到了人手里，就全变坏了。"文明人毫无怨言地带着他们的枷锁，野蛮人则决不向枷锁低头，他宁愿在风暴中享受自由，不愿在安宁中受奴役。他热诚地呼喊：还是回我们的茅屋去住吧，住在茅屋里比住在这里的皇宫舒服得多！他所指的"自然"，不仅是纯朴的自然界，更重要的是自然的情感、自然的天性。卢梭把自然状态这个概念作为一个标准和规范来使用。卢梭只是以纯朴的自然状态作为一种理想的参照物来批判邪恶的文明社会。

▲ 卢梭在阿蒙农维拉的墓地

歌德是《忏悔录》的忠实读者，他曾经这样写道："因为有了伏尔泰，旧世界才结束；而新世界的开始则是因为有了卢梭。"

他发出了挽救人类自然情感的呼喊。那探究人类情感的、质朴而不朽的教育思想著作《爱弥儿》曾经使康德激动不已。他断然宣称："我决定在我的一生中选择感情这个东西。"

卢梭致力于个性的张扬与解放，对自然情感的歌颂，对大自然的美的细腻观察和优美描写，以及他耽于幻想、充满感伤之情的文风，在其后几乎所有重要的浪漫主义作品中都留下了深刻印迹。

从卢梭开始，理想和现实的矛盾一直是浪漫主义文学的主题之一。他强调人类情感中所固有的直觉、自发性、本能、热情、意志和欲望等创造作用。而这些正是长期以来被古典主义和启蒙运动的主潮所忽视或低估的。

在《爱弥儿》一书中，他认为："一切真正美的典型存在于大自然之中。"这种美来自造物主，也就是来自上帝。他认为人类应该追求的是这种真正的自然美。当然，按照卢梭的想法，这种美也包括符合自然和人类本性的道德美。他反对追求那种违背自然的"臆想的美"，所谓臆想的美是指完全由人兴之所至和凭权威来断定的美。

为了追求真正的美，他提出了审美力这个概念。审美力就是对大多数人喜欢或不喜欢的事物进行判断的能力。他认为审美力是人的一种天赋感受力。审美力因人而异。一定的社会环境可以培养审美力。

卢梭把自然美作为审美的标准："假如美的性质和对美的爱好是由大自然刻印在我的心灵深处的，那么只要这形象没有被扭曲，我将始终拿它做准绳。"

▲ 纪念卢梭的革命寓意画

因为卢梭是提出普遍意愿的理论家，所以他被看作是法国大革命之父。

但是他还认为审美的标准是有地方性的，许多事物的美或不美，要以一个地方的风土人情和政治制度为转移；而且有时候还因人的年龄、性别和性格的不同而不同，在这方面，我们对审美的原理是无可争论的。

正如卢梭自己在1782年出版的自传《忏悔录》中所说，不管末日审判的号角什么时候吹响，我都敢拿着这本书走到至高无上的审判者面前，果敢地大声说："请看！这就是我所做过的，这就是我所想过的，我当时就是那样的人。不论善和恶，我都同样坦率地写了出来……万能的上帝啊！我的内心完全暴露出来了，和你亲自看到的完全一样，请你把那无数的众生叫到我跟前来！让他们听听我的忏悔，让他们为我的种种堕落而叹息，让他们为我的种种恶行而羞愧。然后，让他们每一个人在您的宝座前面，同样真诚地披露自己的心灵，看看有谁敢对您说：'我比这个人好！'"

# 狄德罗现实主义美学的胜利

德尼·狄德罗（1713～1784）是"百科全书派"的精神领袖，《百科全书》的主编和组织者，18世纪法国启蒙哲学的杰出代表，而且是重要的文学家、出色的艺术批评家和美学理论家，他为戏剧、绘画和美学建立了完整的理论体系。

他的最大成就是编著了《百科全书》。此书概括了18世纪启蒙运动的精神。《百科全书》有28卷，从1751年出版第一卷到1772年发行最后一卷，前后经历了21年的时间。狄德罗为它倾注了毕生的精力，这是他一生中最杰出的贡献。

1713年10月5日，狄德罗生于法国朗格尔一个有名的制刀师傅家庭。在那里，经营刀剪业是一种光荣。从13世纪起，许多刀剪匠定居于此，每家都有自己的商标。他家道小康，童年曾受过耶稣会学校教育，15岁毕业，志愿为神父。

他父亲虔诚于宗教，亲自送他到巴黎，进路易大帝学校就读。但是到了巴黎之后，他的求知欲大开，几乎无所不读、无所不究。19岁得学位，即弃神学，改学法，由于拒绝做神父，他父亲大怒，从此不再接济他。为生活所迫，他当过家庭教师、起草布道程、翻译文稿，又从事写作，他都甘愿为之，为此他也结交了不少朋友。

当时狄德罗的生活，像他在《拉摩的侄儿》中所写的那样："他过一天算一天，忧愁或快活，随境遇而安。他早晨起来的时候，第一件事是要知道在哪儿吃早饭；午饭后他便想想到什么地方去吃晚饭。夜晚也给他带来不安，他或者步行回到他所住的顶楼……或者他就转到酒店里去，在那里用一片面包、一瓶啤酒来等候天亮。"拉摩的侄儿是他自己的化身。

1743年，他同美丽的麻布织工A.尚皮昂结婚，翌年有一女。再过三年之后，又与一位交际花毕西尤结识，成为红颜知己，为她撰写论文，主张"热情能使智慧升华"，颇受时人赞誉。

他兴趣广泛，博览各种科学和哲学书籍，尤其是培根和霍布斯的论著，口袋里经常装有荷马和维吉尔的作品。生活在孟德斯鸠、伏尔泰和卢梭等极有影响的人的社会中，他获得了大家一致同意的绰号"哲学家"，如果有人说，"我遇到了哲学家"，那就指的是狄德罗，不会发生误会的。

▲ 狄德罗像

狄德罗早期的作品都不成功，《哲学思想录》被巴黎最高法院下令公开销毁。又因写《谈盲人的信》而入狱，但后来编纂的《百科全书》使他青史留名。

1746年他33岁时，遇见一书店老板，请他翻译英国出版的百科全书，同时希望他就当时法国的需要，酌予增删，他答应了，但着手译书时就发现很多错误，因此他改变原意而正式编撰一部新的百科全书，与各科的作家共同从事。邀请当时在科学界已负盛名的青年数学家达朗贝尔担任副主编。孟德斯鸠、伏尔泰、卢梭、孔多塞、魁奈等都为《百科全书》写过大量的词条。毕丰、孔狄亚克和爱尔维修等人也是这项工作的坚定支持者。狄德罗本人一共为《百科全书》撰写了 1139 个词条。

不过在编撰期间，遭遇到极多的阻力，由于当时的法国政府和教会都不开明，检查很严，屡遭停刊。终于在 1765 年完成，狄德罗的名气大噪。俄皇后叶卡捷琳娜二世 1763 年就与他通信，邀请他赴俄。1773 年他终于赴俄，被奉为俄皇室的上宾，住了七个月回法。

1784 年 7 月 30 日，狄德罗吃过晚饭后，坐在桌边，用肘撑着桌子就溘然长逝了。直至临终前不久，他还同朋友们谈论科学和哲学。他女儿听到他讲的最后一句话是："迈向哲学的第一步，就是怀疑。"

正如恩格斯认为的那样，狄德罗是为了对真理和正义的热诚，而献出了整个生命的人。

还有一个趣闻是关于这位哲学家的，那就是狄德罗效应。200 年后，美国哈佛大学经济学家朱丽叶·施罗尔在《过度消费的美国人》一书中，提出了一个新概念——"狄德罗效应"，又称"配套效应"，取材于哲学家狄德罗的故事。

有一天，朋友送他一件质地精良、做工考究的睡袍，狄德罗非常喜欢。可他穿着华贵的睡袍在书房走来走去时，总觉得家具不是破旧不堪，就是风格不对，地毯的针脚也粗得吓人。于是，为了与睡袍配套，旧的东西先后更新，书房终于跟上了睡袍的档次，可他却觉得很不舒服，因为"自己居然被一件睡袍胁迫了"，就把这种感觉写成一篇文章叫《与旧睡袍别离之后的烦恼》。这就是"狄德罗效应"。

狄德罗的哲学观是唯物主义的。狄德罗

▲ 狄德罗和达朗贝尔

这两位《百科全书》的主人的周围都是编写这部著作的合作者。

认为世界统一于物质。物质世界是普遍联系的，自然界是一个整体，如果现象不是相互联系着，就根本没有哲学。

在认识论上，狄德罗坚持感官是观念的来源、感觉是对外部世界的反映。狄德罗强调认识的先决条件是承认客观世界的存在和对我们的作用。"我们就是赋有感受性和记忆的乐器。我们的感官就是键盘，我们周围的自然弹它，它自己也常常弹自己；依照我们判断，这就是一架与你我具有同样结构的钢琴中所发生的一切。"他把贝克莱的主观唯心主义比作一架发疯的钢琴，因为它不要人弹奏会自己响，在一个发疯的时刻，有感觉的钢琴曾以为自己是世界上存在的唯一的钢琴，宇宙的全部和谐都发生在它身上。

唯心主义哲学家"只意识到自己的存在，以及那些在他们自己的内部相继出现的感觉，而不承认别的东西：这种狂妄的体系，在我看来，只有瞎子那里才能产生得出来；这种体系，说来真是人心和哲学的耻辱，虽然荒谬绝伦，可是最难驳斥。"狄德罗哲学代表了 18 世纪唯物主义哲学的最高水平。

狄德罗基于其唯物主义观点，对 18 世纪的欧洲流行的主观主义、相对主义、神秘主义美学观进行了清算。提出了"美在关系说"。

"美在关系"是狄德罗整个美学理论、艺术实践的精髓，贯穿其审美本质理论、审美欣赏理论、审美创作理论之中。狄德罗说："对关系的感觉创造了美这个字眼。随着关系和人的思想的变化，人们创造出'好看的，美丽的，迷人的，伟大的，崇高的，绝伦的'，以及诸如此类与物质与精神有关的无数字眼。"所谓"关系"指的就是万物皆有的一种品质。联系到他的唯物主义，也即指处于运动和变化过程中的万事万物内部各要素之间以及与外部环境的客观必然联系。但是，并非事物的任何关系都美。

美的"关系"是指由感官知觉到事物的一定形式的

▲狄德罗主编的《百科全书》，路易十六藏。

实在关系。只有美的形式显现于外并通过主体感官悟性所注意到的实在"关系"才是美的本质。狄德罗给美下的定义："我把凡是本身含有某种因素能够在我的悟性中唤起'关系'这个概念的，叫作外在于我的美；凡是唤起这个概念的一切，我称之为关系到我的美。"狄德罗认为美的本质是："它存在，一切物体就美，它常在或不常在——如果它有可能这样的话，物体就美得多些或少些，它不在，物体就不再美了。"

狄德罗用高乃依的悲剧《贺拉斯》那句广为熟知的话"让他死"来说明这个问题。当一个人对这出戏一无所知，不了解这三个字有什么关系时，便看不出是美还是丑。当他了解到这是一个人在被问及另一个人应该如何进行战斗时所做的答复，这句话就显得有些悲壮而苍凉。当他更进一步地被告知被问的那个人是一位罗马老人，在回答他女儿的问话，他要让唯一剩下的小儿子去同杀死他两个哥哥的三个敌人为祖国荣誉而生死决斗。这样"让他死"这句话随着环境和关系的逐步揭露而更美，终于显得崇高而伟大了。

## 现实主义美学

狄德罗将"真"作为美的基础，要求艺术家按照事物的本来面目揭示出其内在联系及必然规律，他说："艺术中的美和哲学中的真都根据同一个基础，真是什么？真就是我们的判断与事物的一致。模仿性艺术的美是什么？这种美就是所描绘的形象与事物的一致。"这样，狄德罗在一定程度上克服了当时盛行于欧洲的以物体外在形式作为美感根源的形式主义美学倾向。

狄德罗认为艺术作品既要揭示事物的各部分因果联系及其发生发展的内在规律，又要融入艺术家的意趣和匠心，表现艺术家的风格和主观理想，做到情理交织、物我融合。"对于他（诗人），重要的一点是做到奇

▲ 狄德罗像

异而不失为逼真"。因而，狄德罗认为自然的美是第一性的，艺术形象的美是第二性的。

文艺应当说真话，真实地反映客观现实，文艺的力量就在于真实。艺术家应当服从自然，服从真实。他向艺术家提出：切勿让旧习惯和偏见把你淹没，让你的趣味和天才指导你，把自然和真实表现给我们看。

狄德罗的自然就是客观的物质世界，不仅是自然界，还包括全部的社会生活。关于文艺创作的标准问题，他从文艺模仿自然的立场出发，极力强调文艺的真实性。他认为，文艺的规则和标准不应当是人为的、主观的，文艺应当全面、真实地反映现实。只有真实才是文艺优劣美丑的最高标准。

在狄德罗看来，只有建立在和自然万物的关系上的美才是持久的美。狄德罗认为，生活是文艺的源泉。他指出，只有通过亲自观察才能对生活实践形成真正的概念。艺术家应该走出自己狭小的圈子，摆脱旧的文艺规则和审美趣味。深入生活，观察、体验社会各阶层的各式各样的人物，研究人生的幸福与苦难，把丰富生动的现实生活真实地描绘出来。他说：你要想认识真理，就得深入生活，去熟悉各种不同的社会情况，试住到乡下去，住到茅棚里去。访问左邻右舍，最好是瞧一瞧他们的床铺饮食、房屋等等。这样你就会了解到那些奉承你的人设法瞒过你的东西。

在新的历史条件下，狄德罗重申了文艺模仿自然这一观点，指出文艺的真实性这个标准问题，提出了自己唯物主义的现实主义美学。狄德罗更接近法国新古典主义，但是又向前推进了一步。

## 形象思维规律的提出者维柯

维柯（1668～1744），意大利历史学家、法学家、语言学家、社会学家、美学家。维柯既是一个虔诚的天主教徒，又是一个卓越的自由思想者。

维柯1668年6月23日出生在意大利的一个小城邦那不勒斯，并且终生生活在那里。父亲是书商，生活很穷困。维柯7岁时，不幸从楼顶摔到楼底，头盖骨折断，影响了一生的身体状况，精神也深受影响。幼年时受过天主教会的小学教育，大部分时间靠努力自学。维柯曾当过私塾教师，上过罗马公学。他的专长是法学，维柯从小就喜欢研究罗马法和拉丁文学。

1686年到1695年，他担任了贵族罗卡侯爵的子女的家庭教师。侯爵家里丰富的藏书使其在学术上有很大进展。维柯在结束家庭教师生活以后，又去旁听了那不勒斯大学课程。1699年任那不勒斯大学的修辞学教授。1735年他得西班牙皇帝查理三世的恩惠，被任为那不勒斯城邦王室的历史编纂。1744年1月23日逝世。

他的主要著作是《新科学》（1725年），全名是《关于各民族的共同性的新科学的一些原则》，据说由于自费出版这本书，为了支付印刷费，他连仅有的一只戒指都卖掉了。维柯一生一直处在贫困之中。老年家境不顺，他的一个爱女多病，儿子又是一个放浪之人。正如其自己所说："噩运会在我死后还继续追捕我。"

维柯是西方认真研究社会科学的第一人，所以把他的研究对象叫作"新科学"。

《新科学》所要解决的问题是人类如何从野蛮的动物状态逐渐发展成为过着社会生活的文明人。全书分5卷:（1）原则的奠定，（2）诗

▲ 那不勒斯俯瞰

性的智慧，（3）发现真正的荷马，（4）世界各民族所经历的历史过程，（5）各民族复兴时人类各种典章制度的复现，附全书结论。维柯的基本出发点是共同人性论。他认为各民族在起源和处境方面尽管各不相同，在社会发展上却都必须表现出某些基本一致性或规律。《新科学》所探求的正是这些规律。维柯是理解了并告诉我们什么是人类文化的第一人。他不自觉地确立了文化观念。

## 原则的奠定

维柯接受了古埃及人对于历史三个时期的划分，即神的时代、英雄的时代和人的时代。最初是神的时代，神和人在地球上杂居在一起。那时，人还是一些凶猛残酷的野兽，不会说话和思考，都凭着本能过活，到处寻找食物和性交伴侣，没有婚姻制度，也没有宗教或任何社会制度。人的体格特别发达，所以叫作"巨人"。

据说有一个时期全世界都发生过大洪水，如希伯来人的《圣经》（《创世记》）和中国人的《书经》（《禹贡》）所说的；在世界洪水消退以后，地球上积蓄的水蒸气有时造成雷鸣电闪，巨人们在深山野林里初次碰上雷电，不胜惊惧，以为天上有像人一样发怒咆哮的神，借雷电来向人发出警告。于是就兴起凭天象去预测吉凶的占卜术，于是有了信仰天神（最初是雷神）和天意或天命的宗教和掌占卜天意的司祭或巫师。这信仰天神的宗教是人类社会的第一个起源。然后男女感到面对着神公开杂交的羞耻，男的就带女的住到岩洞里或山寨里，逐渐有了婚姻制和婚姻典礼及家庭制。正式婚姻典礼便是人类社会的第二个起源。

在原始时代，人死后和动物一

▶海神波塞冬雕像 古希腊 公元前5世纪

波塞冬属于神的时代，他的神态仿佛是在引领从事航海事业的人们破浪前进。

样，并不收尸埋葬，任其抛在地面风吹雨打而腐烂，造成环境的污浊；后来感到对不起死者，于是兴起了埋葬死者的典礼，于是有了灵魂不朽的观念。这便是人类社会的第三个起源。这种神的时代也有朝代。古希腊罗马都有十二天神，维柯认为他们代表着社会发展的十二个阶段，例如谷神标志着农业时代，海神标志着航海事业的开始。古代各种神话大半都是围绕着诸天神而流传下来的，形成了后来文艺的土壤。原始人起初和动物一样是哑口的，只有些姿势和符号来表达自己的意愿，例如用三茎草来表示三年。在发现神而恐惧的时候，人就张开口，起初的字音是谐声的、惊叹的、单音的。这就是"象形的语言"或"神的语言"。

英雄的时代在神的时代后期便已开始。"每个民族都有它的雷神"，"每个民族也都有它的海格立斯，天神的儿子"。海格立斯便是原始民族中英雄主义的起源。他是一个多才多艺的大力士，人类社会一切征服自然的技能都源于他，古希腊在荷马时代便已转到英雄时代。荷马是一个英雄型诗人。

荷马所歌颂的是两种英雄，一种是《伊利昂纪》中的阿喀琉斯，代表希腊英雄时代所奉为理想的勇士，另一种是《奥德修纪》中的奥德修斯，代表希腊英雄时代晚期所奉为理想的谋士。当时全民族都是诗人，荷马只是其中的一个典型，《荷马史诗》并不是某一个诗人或某一时代的产品，而是全体希腊人在长时期中的集体创作。英雄时代的语言也叫作英雄的语言。由于抽象思维不发达，词汇中很少有抽象表示概念的字，绝大部分是以物拟人，有具体形象属于隐语的字。表达方式也不是说而是唱。例如他们不说"我发怒"而是唱"我的热血在沸腾"；不说"地干旱"，而是唱"地渴了"。政体是贵族（即英雄）统治，他们的意志和暴力就是法律。这时社会已分成家长或宗法主和平民两个阶级。平民起初处在"被保护者"或家奴的地位，不能分享占卜、正式婚姻和政治的权利。他们因此日益不满，起来斗争，终于战胜贵族而享有主权，平民的民主政体便代替了贵族的专制政体。维柯用罗马史和罗马法典的具体事例来证明贵族与平民的斗争总是以平民的胜利而结束，于是就进入了人的时代和文明社会。

## 形象思维

在《新科学》中，由于维柯把语言、神话、古史和社会典章制度、政治和经济，都看成"诗的智慧"的产品，所以全书各卷都涉及文艺和美学方面的一些基本问题。特别值得注意的是，维柯对于人类心理功能由形象思维逐渐发展到抽象思维，即由诗的时代发展到哲学的时代的看法，他把原始民族叫作"人类的儿童"，他说："人最初只有感受而无知觉，接着用一种受惊不安的心灵去知觉，最后才用清晰的理智去思索。"

"哲学把心灵从感官拖出来，而诗的功能却把整个心灵沉浸在感官里；哲学飞升到普遍性，而诗却必须深深地沉没到个别具体事物里去。"原始民族只会形象思维而不会抽象思维，所以原始文化，包括宗教、神话、历史乃至各种典章文物和语言文字无一不是形象思维的产品，因而都带有诗的性质。

关于形象思维，维柯发现了两条基本规律，头一条就是以己度物的隐喻："由于人心的不明确性，每逢它落到无知里，人就把他自己看成衡量一切事物的尺度。"这就是凭自己的切身经验来衡量自己所不知的外物。例如，不知磁石吸铁而说磁石爱铁，就是凭人与人相吸引、相亲近是由于爱这种切身经验。

维柯就用这个原则来说明语言的起源："在一切语言里，大部分涉及无生命事物的表现方式都是从人体及其各部分以及人的感觉和情欲方面借来的隐喻，例如用'首'指'顶'或'初'，用'眼'指放阳光进来的'窗孔'，用'心'指'中央'之类。天或海'微笑'，风'吹'，波浪'轻声细语'，受重压的物体'呻吟'。在这些例子里人把自己变成整个世界了。"不难看出，这是后来

▲ 平复帖 西晋 3~4世纪 陆机 纸本墨书 北京市故宫博物院藏

书法是象形文字汉字的重要体现形式。

德国美学家们的"移情说"的萌芽，和中国诗论中的"比""兴"也可互相印证。在谈到形象思维和语言的关系时，维柯特别举中国文字为象形文字的突出的例证，因为埃及的象形文字已成了历史遗迹，只有中国的象形文字至今还在运用。

形象思维的第三条规律便是用具体人物形象来代表同类人物特性的类概念，亦即典型人物性格。"原始人仿佛是些人类的儿童，由于还不会形成关于事物的通过理解的类概念，就有一种自然的需要，要创造出诗的人物性格，这就是形成想象性的类概念或普遍性，把它作为一种范型或理想的肖像，以后遇到和它相似的一切个别人物，就把它们统摄到这个想象的类概念里去。"维柯举的例子有儿童把一切年长的男人都叫"爸"，一切年长的女人都叫"妈"。埃及人把发明家都叫赫尔墨斯，希腊把一切勇士都叫阿喀琉斯，把一切谋士都叫奥德修斯（这正如中国人把一切巧匠都叫作鲁班，一切神医都叫作华佗，把一切富于智谋的人都叫作诸葛孔明一样）。

维柯本人也是一个诗人，《新科学》是探讨人类社会文化起源和发展的一种大胆的尝试。维柯不但开创了社会科学，也开创了和社会科学密切相关的近代社会学、人类学、语言学，乃至文艺心理学。

克罗齐的《美学，作为表现的科学和一般语言学》就是继承维柯思想而加以发挥的产物。

## 美学学科的正式创立

亚历山大·戈特利布·鲍姆加登（1714 ~ 1762），德国哲学家、美学家，被称为"美学之父"。主要著作有《关于诗的哲学沉思录》《美学》、《形而上学》等。

鲍姆加登1714年6月17日出生于柏林。他的父亲是当时卫成部队的布道牧师，他是7个孩子中的第五个，其兄是神学家。其父生活淡泊，操守严谨，学识渊博，勤于职守，在任期间颇受尊敬。当他8岁的时候，其父母就先后去世了。父亲留给儿子的除了大量的藏书以外，就是清贫和一条严格的戒律：在他去世以后，不许他们接受任何形式的奖学金和一切社会救济（例如资助贫困学生的免费午餐），显示出一位以普度众生为己任的神职人员所能显示的对职业的最高忠诚。他还嘱咐儿子们去哈勒学习神学，哈勒是当时普鲁士统治下的德国的神学中心和学术中心。

少年的鲍姆加登通过兄弟们的资助就读于柏林的中学。"从我开始学习古典人文学科以来，我的进步始终是在我的极为睿智的启蒙老师、令人敬仰的柏林文科高中的副校长、著名的克里斯特高的激励下取得的，提起他，我不能不产生最深挚的感激之情，正是从那时起，我几乎不能一日无诗。"因为当时的学术经典文献都是拉丁文或者是希腊文，不懂拉丁文就莫谈学术。当时的德国的文科中学便是教授拉丁文与希腊文的专门学校。

1727 年，作为一名优秀文科毕业生，他遵从父亲的遗愿来到了位于东萨勒河畔的名城哈勒，成为著名神学家兼教育家弗兰克的关门弟子。他先在哈勒德孤儿院苦修三年，然后于 1730 年考进哈勒大学，继续学习神学。

鲍姆加登在 1735 年发表的博士论文《关于诗的若干前提的哲学沉思录》中就首次提出建立美学学科的建议。正如他自己所说："我永不完全抛弃诗，我对诗是估价甚高的，不仅为了纯粹的欣赏，还因为它有用。"这本书是献给资助自己完成学业的长兄纳塔奈勒的。至 1750 年他特地从希腊文中找出了"Aesthetica"来命名他的研究感性认识的一部专著。至此，美学作为西方一门近代人文科学诞生。当然，鲍姆加登的意义不仅在于命名和提出建议，而且为美学学科的建立付出了毕生精力。

▲ 勃兰登堡门

勃兰登堡门是柏林的重要象征，伟大的美学家鲍姆加登就出生于柏林。

获得博士学位的他留校任教。1739 年，25 岁的他被任命为奥得河畔的法兰克福的大学教授，鲍姆加登应聘法兰克福大学的教授是用拉丁文的骈体来宣讲的，让时人惊羡不已，而且他的著作都是用拉丁文出版的，可见其对拉丁文的精通。由于他在哈勒的授课深受学生们的欢迎，学生们纷纷上书挽留，他只得延迟到 1740 年才去上任。

1742 年他开始在大学里讲授"美学"这门新课，在 1750 年和 1758 年正式出版《美学》第一卷和第二卷。在《美学》中他实现了学位论文中的建议，驳斥了十种反对设立美学学科的意见，初步规定了这门学科的对象、内容和任务，确定了它在哲学科学中的地位，使美学成为一门独立的学科。

1750 年常被看作美学成为正式学科的年代，鲍姆加登也由此获得了"美学之父"的称号。正如克罗齐所说："这是巨人的步伐，是的，是鲍姆加登取得了这门新科学之父——不是义父而是亲父——称号。"

《美学》第一卷刚出版，1751 年，37 岁的鲍姆加登由于健康状况恶化，不得不卧床休养。在几乎丧失工作能力的情况下，他坚持在 1758 年出版了《美学》第二卷。这本书没有按照构想写完，1762 年 5 月 26 日，他怀着未竟的愿望和深深的遗憾，在久病 11 年之后与世长辞，年仅 48 岁。

他以悲怆而崇高的话来结束其《美学》第二卷的短序："亲爱的读者，如果你是强者，你会注意我、认识我，最后会爱我，你从我和他人那里懂得命运。病魔来回折磨我足有 8 个年头，看来无法医治。必须及早地习惯于很好思维。如今，我要做些什么，的确，我不知道作为一个男人是否这样做。"他的一生俨然像圣徒一样。

## 美学学科的创立

美学的英语是 aesthetics 或 esthetics；德文是 asthetik；拉丁文是"aesthetica"，这个词原来不存在，是鲍姆加登为了与原来的拉丁词 sensus（英文的 sense，感觉的）相区别而从希腊文创造的，直译就是"感性学"。因为感性可以分为外在的和内在的，前者作为一种自我感知产生于"我"的身体而与所有的感官相关，后者则仅仅产生于"我"的心灵，故而"感性学"这个词包含两层意思。它包含的第二层意思：它来自心灵；它是内在的；它是不明确的。鲍姆加登正是在这个意义上使用的，它不是经验的感觉或知觉，而是对这种经验的感觉的超越。美学就是感性认识和感性表现的科学（作为认识能力下的逻辑学、认识论之下的理论、美的思维的艺术、类理性的艺术）。鲍姆加登自己用德文解释道：Aesthetica是"美的科学"。汉语中的美学来自日本，日本人用汉名"美学"对译德文asthetik，并在1907年以前传入中国。

鲍姆加登指出，美学（美的艺术的理论，低级知识的理论，用美的方式去思维的艺术，类比推理的艺术）研究感性知识的科学。他要到人的主观认识中寻找美的根源。这预示了近代西方美学的新方向。鲍姆加登把莱布尼茨－沃尔夫派的命题"美是感官认识到的完善"修定为"美是感性认识本身的完善"。鲍姆加登"是最先克服了'感觉论'和'唯理论'之间的对立，并对'理性'和'感受性'做出新的富有成效的综合的思想家之一"。

鲍姆加登认为："美学的对象就是感性认识的完善，这就是美；与此相反的就是感性认识的不完善，这就是丑。"美学是以美的方式去思维的艺术，是美的艺术的理论。作为感性认识的美学，目的是达到感性认识的完善。而完善这一概念，是鲍姆加登从沃尔夫那里继承而来，在鲍姆加登这里，完善既有理性认识的内容，又有感性认识的内容。意味着整体对部分的逻辑关系即多样性的统一的"完善"是美的最高的理性尺度，"美学的目的是感性认识本身的完善"。

要达到感性认识的完善，须有三个条件：思想内容的和谐、次序和安排的一致和表达的完美。他的感性认识包括情感、直觉、想象、记忆。艺术作品中的内容的真实、鲜明、丰富、可信、生动，是一件"美"的艺术作品的最重要标准。

鲍姆加登提出审美的真实性。鲍姆加登认为科学和艺术都追求真，但两者追求真的方式却是不一样的。"诗人理解道德的真理，和哲学家所用的方式不同；一个牧人看日月蚀，也和天文学家所用的眼光不同。"科学的求真要求用完善的理性，通过个别事物具体的、生动的、表象的舍弃，抽象出具有高度概括力的一般概念；而审美的求真则正好和前者相反，它是运用"低级的感性认识"，尽量把握事物的完善，在这个过程中尽可能地少让质料的完善蒙受损失，并在为了达到有趣味的表现而加以琢磨的过程中，尽可能少地磨掉真所具有的质料的完善。

卡西尔说："鲍姆加登美学的目的就是要给心灵的低级能力以合法地位，而不是要压制和消灭它们。"鲍姆加登认为审美经验中同样包含着普遍的真理性，即"审美的真"。这种真实，不是通过理性的逻辑思维所能达到的，而是通过具体的形象感觉形成的。

美学家不直接追求需要用理智才能把握的真，而是在对具体的感性形象的体验中领悟这种普遍性。认为并非所有的假在审美领域内也是假的。假（丑）的事物如果符合"感性认识的真的完善"，就是真（美）的，而真（美）的事物如果不符合这一标准，就是假（丑）的。真或假在这里似乎与事物本身的性质无关，而只关系到感性认知的方式。甚至有些假例如文艺作品中的虚构，在审美领域里可能比现实生活中的事实更真、更美。他认为能激起最强烈的情感的就是最有诗意的。

正如吉尔伯特在《美学史》中所说，鲍姆加登把各种尚未展开的认识汇集起来，精心拟定了一种体系；这种体系能够从理性上证明不完全的哲学家和文艺批评家的种种"瞥见"，而且，它还能够为一百年之后它的至高点——即康德的《判断力批判》指出方向。鲍姆加

▲ 弹曼陀铃的姑娘　意大利　卡拉瓦乔

这是一幅具有抒情风格的作品，画面中心的罗马姑娘长得妩媚动人，正对着花瓶中的花轻弹曼陀铃低声吟唱。画中的她并没有看桌子上的乐谱，而是半侧过头来望着观众，目光柔和亲切，可以使人感觉到她那颗纯洁质朴的心。相对于传统的美神维纳斯而言，这个形象能够给人们更直接、更真实的美的享受。

登的这种体系，不仅仅为后来研究美的理性构成奠定了基础。可以这样说（事实上，人们已不止一次地这样说过），德国美学为德国民族文学的繁荣时代——德国诗歌和戏剧的伟大时代开辟了道路。

# 《古代艺术史》的出版

《古代艺术史》作者温克尔曼 1717 年 12 月 9 日出生在勃兰登堡的施滕达尔的一个贫苦鞋匠家里。少年的温克尔曼学习勤奋，酷爱读书。对古典文学和历史等非常感兴趣。他先后到柏林和萨尔茨韦德尔上所谓的大学预科，准备进大学的高级中学。

1738 年，他由人介绍进入哈勒大学学习神学，但是他却把精力和兴趣投入到自己喜欢的古希腊文学和艺术中去。虽然他学习的是神学，但他是一个多神教者。多神教的思想方式贯穿于温克尔曼的活动和著作中。

他曾一度想做一名医生，为此他还到耶拿大学上医学课。因为没有机会，他只好在柏林附近的一个城市马格德堡当一名家庭教师。1743 年 ~ 1748 年，他受聘担任一个小城市的地方中学副校长。他试图扩大学生的视野，引导学生涉猎各方面的知识，引起家长们的不满而被免职，但是他自己却读了很多书：读两遍拜尔的《历史的批判字典》，三遍荷马的《伊里亚特》和《奥德赛》。

1748 年，他应萨克森选帝侯国的凡·比瑙公爵的邀请给他做图书资料员，帮助其收集资料来写神圣罗马帝国史。居住在德里斯顿附近的内滕特尼茨，德里斯顿不

▲ 哈勒市中心的市场广场

温克尔曼曾在哈勒接受大学教育，这一时期他对古希腊文学艺术的钻研为他日后的事业发展奠定了基础。

但有精美的建筑，汇集了古希腊罗马雕刻的部分原作及其复制品，而且还有文艺复兴时期意大利等国绘画大师提香、韦罗内塞、科雷乔、拉斐尔、荷尔拜因等人的杰作。

同年，他结识了德国画家和新古典主义代表人物奥塞尔，这对温克尔曼以后艺术理论的形成产生了重要的影响。奥塞尔欣赏的是意大利文艺复兴式的单纯、素朴、宁静、伟大的风格，坚决反对涡卷形装饰和贝壳装饰以及离奇古怪的艺术趣味。其后，这个人对歌德也产生了重要的影响。正如歌德所说，如果不是结识了奥塞尔，温克尔曼将不得不在到处被遗弃的古代遗迹中长久地徘徊。

1755 年，温克尔曼发表处女作《关于在绘画和雕刻中模仿希腊作品的一些意见》。这本书里，他认为希腊人对自然界的了解高于现代人，现代人应该模仿希腊人。他高扬了古希腊艺术精神，成为后来欧洲在艺术教育等方面推崇希腊的宣言书。这本书陆续被翻译成很多译本。同年 11 月，得到萨克森选帝侯兼波兰国王奥古斯都三世的资助，年薪 200 塔勒的银币，温克尔曼赴罗马进行考察研究。

在罗马他接受枢密主教帕西欧涅的邀请，成了罗马教会拥有 30 万册藏书的梵蒂冈图书馆的馆长。因此他改信天主教，他自己说：我迷恋知识，为了这个缘故我接受了这个条件。在广泛接触罗马的艺术之后，他说："与罗马相比之下，什么都是零了！以前我认为我已经学到了不少东西，但来到这里才发觉我一无所知。这里有才能卓著的人，天分极高的人和具有崇高品格的完美的人，这些人是由希腊艺术培育起来的。我相信罗马是世界的高等学府，而且事实上我已经受到它的考验和熏陶。"

他游览了那不勒斯、佛罗伦萨、庞贝等名城。在此期间，他经过七年呕心沥血的潜心研究，于 1764 年把古代艺术史作为希腊精神的表现来论述的《古代艺术史》出版了。由此掀起了一股崇拜希腊的浪潮。

这本书文笔流畅自然，对艺术品的评论精当细致，观察入微，无论是把艺术史作为一门单独学科来研究，还是将考古学当作一门人文学科来对待，这部书都是首创。它在艺术史与艺术考古学上的贡献是无与伦比的。

歌德回忆说：他的才学在德国早为人所热烈地称道，当时一切杂志都一致赞赏他，他发表的新见解，传播于学术界和社会间。很快，这本书轰动了欧洲。他拒绝了菲特烈大帝年薪 1000 塔勒的邀请，继续留在他留恋的意大利。

1768 年，他在回德国的途中，在维也纳受到了奥地利皇后马里亚·德利莎的接待并且皇后授予他勋章。当年的 6 月 7 日，他在返回意大利的途中，在亚得里海的里亚斯德港遇到歹徒，身受数刀。他接受了临终圣餐，而且去看望了杀他的罪犯并且宽恕了他。此后几小时便永别了他所热爱的意大利，被葬在里亚斯德的天主教教堂墓地，在此，凶犯为他立了一座纪念碑。

歌德说：温克尔曼与哥伦布相同，他未曾发现新世界，但他预示了新时代的来临。在对艺术和古典学术的任何研究中，谁都会想起温克尔曼来。他是艺术上绕不过的丰碑。如果没有温克尔曼，德国的新文艺复兴也许是不可能的。

温克尔曼认为："我们越是认识到作品是制作者的生活的表现，我们就越是接近最完备的艺术理论。"作为近代意义的"艺术史"最早开始于温克尔曼 1764 年的巨著《古代艺术史》。

温克尔曼认为艺术是有自己的历史和兴衰的，艺术的这种特征还符合和植根于各民族的历史和文化条件。他说："艺术史的目的在于叙述艺术的起源、发展、变化和衰退，以及各民

▶ **色莫雷斯的胜利女神 石雕 古希腊 公元前 200~ 前 190 年**
这尊胜利女神像以单纯朴素的风格表现了女神引导船队前进的英勇和伟大，是希腊雕塑的一大杰作。

族各时代和各艺术家的不同风格，并且尽可能地根据流传下来的古代作品来说明。"温克尔曼是第一个把艺术当作一个存在于时空中的有机整体而非孤立作品来研究的人。具体到古希腊艺术，他说："希腊人在艺术中取得优越性的原因和基础，应部分地归结为气候的影响，部分地归结为国家的体制和管理以及由此产生的思维方式，而希腊人对艺术家的尊重以及他们在日常生活中广泛地传播和使用艺术品，也同样是重要的原因。"他认为希腊气候条件好："那里风光明丽，四季如春，最利于造就闲人。"政治上的自由使艺术和艺术家本身都受到尊重，这一切使得希腊艺术家们为永恒而创作，他们的荣誉和幸福不受粗暴傲慢者的恣意行为的影响，他们的作品不是为迎合那些用谄媚和卑躬屈膝的手段跻身于评判团的人的庸俗趣味和不正确的眼力而创作的。

温克尔曼以希腊艺术为实例揭示出美的一般本质。在《古代艺术史》中，温克尔曼基于理性的准则，将希腊艺术分为四个阶段。从远古风格到崇高风格再至典雅风格，这是艺术从低级到高级的发展。最后是仿古风格。他认为希腊艺术的美就是神性美的化身。所谓的神性美，也就是鲍桑葵所指出的，温克尔曼是把美的形式和美的观念等同起来。

温克尔曼坚持了西方传统的模仿说。他说："使我们变得伟大，甚至不可企及的唯一途径乃是古代。"反之，"对自然的最精心的研究当然不足以获得关于美的完善的观念"。他认为只有希腊的艺术才体现了美的完善的观念。必须模仿古希腊的艺术作品，从这个最丰富的源泉汲取灵感。古希腊艺术乃是人类所创造的不可逾越的美的最高范本。

▲ 掷铁饼者 石雕 古希腊 米隆 公元前 450 年

这件大理石雕塑达到了动与静的完美统一，给人以力量，是希腊雕塑史上的典范之作。

温克尔曼把希腊艺术作为理想美的化身，具有一般的意义，是衡量各时期艺术的准则。

希腊艺术的普遍和主要的特点就是高贵的单纯和静穆的伟大。这也是温克尔曼的审美理想："希腊杰作有一种普遍的突出的标志，这就是无论在姿态上和表情上，都显出一种高贵的单纯和静穆的伟大。正如海水表面波涛汹涌，但深处总是静止的一样，希腊艺术家所塑造的形象，在一切剧烈情感中都表现出一种伟大而镇静的心灵。""静"意味着什么？"静"是一种无损的安然。"静"是一种自持的自在，唯静者才能克制和守持。"静"是一种无碍的纯一。唯静者才能坚守单纯自体。

温克尔曼最早虚构了一个"历史乌托邦"：古希腊是一个人性得到完满自足发展的审美乌托邦。从温克尔曼开始，德国许多思想家都对古希腊生活心醉神迷，魂萦梦绕。在德国文化界中，受温克尔曼的对希腊艺术的推崇"高贵的单纯和静穆的伟大"影响，歌德、席勒与施莱格尔兄弟，全都醉心于希腊的文化和艺术。

"在希腊人身上才重新找到永恒的自然"。雅典是浪漫主义文学家和艺术家最心驰神往的圣地。他们借助希腊古典艺术，表达了他们对理想人性的渴求与期待：无论是诺瓦利斯寻找的梦中蓝花；还是荷尔德林在踏遍异国后的还乡，还是施莱格尔兄弟办的重要杂志《雅典娜神殿》，都表达了这种精神思乡情绪。

18 世纪荷兰画家和解剖学家佩特鲁·坎波尔写道："世上没有一个人不认为，阿波罗或维纳斯的头拥有超越一切的美，也没有一个人不认为这些头颅之美是世间最美的男女的头颅所无法比拟的。"对于 18 世纪的哲学家黑格尔来说，希腊雕像"绝不仅仅是外在的、偶然的形式，而是真正的美的理念的感性显现……因为它的存在，人们找到了面部构造的体现方式，通过这种构造，人的内在精神得到了完美的表现"。黑格尔做出这种判断是基于如下一种事实：希腊人有笔挺隆起的鼻梁，在头像的侧面轮廓中，这道鼻梁从人的思维中心（前额）一直到脸的中部，形成了一条连续的轮廓线，因此使得观看者的视觉注意力都集中在了脸的上半部分，而不是集中在注重感官享受的下半部分。

温克尔曼在分析这个阿波罗雕像时指出，古希腊传说中的太阳神阿波罗之所以被认为是神灵中最优美的神，是由于男性青年美的最高标准特别体现在阿波罗身上。如同在这座雕塑中，"成年的力量与优美的青春期的温柔形式结合在一起"。因为我们能够清楚地看到，"众神最美的阿波罗像上的这些肌肉温柔得像熔化了的玻璃，微微鼓起波澜"。在这里，我们需要补充的是，温克尔曼是个同性恋者，歌德在《温克尔曼以及他的世纪》中说："我们发现温克尔曼经常与一些漂亮的年轻男孩子保持着亲密的关系……"他和一个德国男青年有深情。

温克尔曼强调艺术家要亲自考察和观赏艺术品。他提出评论雕塑的两项要求："每一座雕像的描述都应包括两部分：一部分是涉及理想的，一部分是涉及艺术的。"我们再看看他是如何分析这个艺术品的："我把一切都置诸脑后，并且抖擞精神肃然立定，以便更适应于观赏它。我的胸膛似乎在随着崇敬而扩张着，就像那些昏昏然若有神灵附体的人一样，我在想象中来到了……这些阿波罗所居留过的圣地，因为我觉得，就像皮革马利翁所创造的美人那样，这个形象正在取得活动能力。"

雕像的身长高于一般人的身长。整个姿态显示着他的雄伟气魄。幸福之乡的永恒的春天弥漫着他飒爽的英姿，给他那威风凛凛的身躯增添了一层温柔的光彩。他那焕发的目光显示出得意非凡的心情，仿佛在注视着远远超出胜利界限的苍穹。双唇流露出鄙视的神气。余怒胀大了他的鼻孔，一直波及到骄傲的额头。但是，这额头显露出从容不迫的气概，它依然纹丝不动。阿波罗的双目温柔多情，就好似渴慕拥抱他的缪斯的眼睛。

勃兰兑斯如此评价温克尔曼："莱辛的工作是温克尔曼工作的继续。他凭借超人的批判能力，以温克尔曼的艺术理论为基础，勾画了艺术和诗歌科学的第一个设想。"

# 不朽名著《拉奥孔》

戈特霍尔特·艾弗赖姆·莱辛（1729～1781），作家和文学评论家。

莱辛出生于德国萨克森州的一个名叫卡门茨的小镇上。他的父亲是当地一位有名望的牧师。莱辛先是在卡门茨的文法学校学习拉丁文，12岁时进入迈森最著名的贵族学校，开始严格的希腊文、拉丁文、英文和法文以及宗教、哲学、数学等方面的训练。

1746年6月，经父亲同意，莱辛从圣·阿佛拉公爵学校提前毕业。校长对他有过这样的评价："他是一匹需要双份草料的马。别人觉得非常繁难的功课，对他来说却像空气一样轻松。我们实在不能再教给他什么了。"这年9月，18岁的莱辛获得莱比锡大学奖学金。9月20日他正式到该校报到，研读神学。入学不久，莱辛对于神学的兴趣就被诸如化学、植物学、考古学、语言学乃至医学等等学科冲淡了。他给母亲写信说："我坐在书本前，只感到自己的存在，很少想到别的。请允许我的坦白，我也很少想到上帝。我的唯一快慰是勤奋……我逐渐认识到，书籍固然可以给我以知识，使我成为学者，但不能把我培养成一个人……有一段时间我把书本扔在一边，为了去结识更有用的事物和思考更有意义的事情。"

在莱比锡大学，他结识了许多学术界的知名人物。其中集自然科学家、作家、翻译家和诗学批评家于一身的克斯特纳对莱辛当时以及后来的影响最大。莱辛被他介绍给了当时在德国最著名的诺伊贝尔剧社。

诺伊贝尔剧社的演出，莱辛几乎每场必看。宁愿啃一块干面包，也不愿放弃一次观看演出的机会。他的第一部喜剧《青年学者》也由这个剧社上演，而且获得相当的成功。莱辛在莱比锡的生活情形传到了卡门茨。他的父母亲认为这是一种堕落，便编造了一个母亲病重的谎言，让他回到卡门茨住了几个月。后来他虽然又得到父亲的同意回到莱比锡改修医学，但他真正的兴趣已转向戏剧。

1748年，诺伊贝尔剧社因为经济拮据而解散。他的大学生活也随着剧社的解散而宣告"剧终"。与诺伊贝尔剧社的交往，使莱辛渐渐脱离了日后成为一名牧师或神学家的轨迹，而走上了最终成为德国不朽的戏剧家、美学家和哲学家的道路。1748年11月，莱辛来到柏林，开始了他的戏剧家与美学家的生涯。他的父母以他"不务正业"为由而终止了对他的经济资助，这使得莱辛从此成为德国文学史上第一个依靠写作维持生活的职业作家。随后他创办和编辑过戏剧评论杂志，写作和发表了大量的文学评论、寓言和剧本，编辑出版了自己的包括诗体寓言在内的六卷本《文集》（1753年～1755年）。有的学者认为，德国自从有了莱辛，才算有了真正属于自己民族的寓言。他还翻译了《狄德罗先生的戏剧》等外国作品，还给一位普鲁士将军当过秘书。1759年，他又出版了自己的散文体寓言和寓言论文《寓言三卷·附录关于此类文体的几篇论文》。

1766年他完成了著名的美学著作《拉奥孔》（或称《论画与诗的界限》）。1767年，他受聘担任汉堡民族剧院艺术顾问，并创办了一份专门评论上演剧目和表演艺术的小报。他为全年的52场演出撰写了104篇评论，这就是后来结集出版的，到今天已经成为欧洲戏剧批评经典名著——《汉堡剧评》。

### 莱辛住过的小屋

曾经是那么漫长的颠沛流离的日子，让莱辛真正尝到了生活的辛苦。"我白天黑夜都在写啊写！"他自嘲地说，长期以来他就像一只站在屋顶上的鸟，刚刚

▲ 拉奥孔　石雕　古希腊　公元前1世纪

拉奥孔是古希腊神话中特洛伊城的祭司，由于识破了希腊人的木马计而遭到众神的惩罚，被雅典娜派来的两条巨蟒缠死。罗得岛上的雕塑家阿格桑德罗斯父子共同创作了这件作品，表现了拉奥孔与两个儿子在与巨蟒搏斗时的巨大痛苦，强烈的挣扎令肌肉产生了痉挛，表达出在痛苦和反抗状态下的极度紧张与力量的迸发。这件作品被誉为希腊雕塑的最高典范。

准备栖息一会儿，便又听到了什么召唤他往前方飞翔的声音。

从 1770 年 4 月开始，莱辛来到沃尔夫比特尔的一个古老的图书馆——奥古斯特公爵图书馆任管理员，直到生命的最后一天。1781 年 2 月 15 日，他因为脑溢血而离开人世。弥留之际，他的朋友们正在念书给他听，他躺在朋友的怀抱里，恬静地、缓缓地阖上了双眼。

在时间的河流上，有一种高贵的、诗意的、文化的虔诚与教养的传统在流淌。即使在今天的德国，莱辛依然是一个巨大的存在。在柏林的国家剧院门前，这正是杜鹃花盛开的人间 4 月天。一群美丽的少女将一束束杜鹃花环轻轻地敬献在莱辛塑像的座基上。然后她们就站在莱辛的身边开始了自由的朗诵。她们朗诵的是莱辛的诗篇，还是别的什么，并不为人知晓。

可以用莱辛自己的话来评价他："撇开他提供的确切结论不说，仅就他的渊深和卓越的思想方法而论，他足以成为对于他的时代与他的国家最具深远的价值与影响的一个存在者。"

## 人神冲突的悲剧

拉奥孔大理石群雕，高约 184 厘米，阿格桑德罗斯等创作于约公元前 1 世纪，现收藏于罗马梵蒂冈美术馆。1506 年 1 月 4 日，意大利人佛列底斯在罗马提图斯皇宫遗址的废墟上种植葡萄时，挖出一座群雕像，后为罗马教皇尤利乌斯二世购藏于梵蒂冈伯尔维多宫。教皇总建筑师桑加罗鉴定认为是提图斯皇宫杰出的藏品《拉奥孔》。作者是罗得岛的雕塑家——阿格桑德罗斯和他的儿子波利多罗斯、阿塔诺多罗斯。三位雕刻家于公元前 50 年左右完成这件作品。这是一组忠实地再现自然并善于进行美的加工的典范之作，被誉为是古希腊最著名、最经典的雕塑杰作之一。群雕取材于希腊神话特洛伊战争的故事。

传说希腊阿耳戈英雄珀琉斯和爱琴海海神涅柔斯的女儿西蒂斯在珀利翁山举行婚礼，大摆宴席。他们邀请了奥林匹斯山上的诸神参加喜筵，不知是有意还是无心，唯独没有邀请掌管争执的女神厄里斯。这位女神恼羞成怒，决定在这次喜筵上制造不和。于是，她不请自来，并悄悄在筵席上放了一个金苹果，上面镌刻着"属于最美者"几个字。天后赫拉、智慧女神雅典娜、爱与美之神阿佛洛狄忒，都自以为最美，应得金苹果，获得"最美者"
称号。她们争执不下，闹到众神之父宙斯那里，但宙斯碍于情面，不愿偏袒
任何一方，就要她们去找特洛伊的王子帕里斯评判。三位女神为了获得金苹
果，都各自私许帕里斯以某种好处：赫拉许给他以广袤国土和掌握富饶财宝
的权力，雅典娜许以文武全才和胜利的荣誉，阿佛洛狄忒则许他成为世界上
最美艳女子的丈夫。年青的帕里斯在富贵、荣誉和美女之间选择了后者，便
把金苹果判给爱与美之神。为此，赫拉和雅典娜怀恨帕里斯，连带也憎恨整
个特洛伊人。后来阿佛洛狄忒为了履行诺言，帮助帕里斯拐走了斯巴达国王
墨涅俄斯的王后——绝世美女海伦，后来，特洛伊王子帕里斯奉命出使希
腊，在斯巴达国王那里做客，他在爱与美之神阿佛洛狄忒的帮助下，趁着墨
涅俄斯外出之际，诱走海伦，还带走了很多财宝。此事激起了希腊各部族的
公愤，墨涅俄斯发誓说，宁死也要夺回海伦，报仇雪恨。为此，组成了希腊
联军，墨涅俄斯的哥哥阿枷门农为联军统帅，攻打特洛伊城。双方大战 10
年，许多英雄战死在沙场。甚至连奥林匹斯山的众神也分成两个阵营，有些
支持希腊人，有些帮助特洛伊人。阿基里斯是希腊联军里最英勇善战的骁
将，也是《荷马史诗》里的主要人物之一。

　　在第十年，最后希腊联军采用足智多谋的奥德修斯的"木马计"。他们
用木头造了一匹巨大的马，奥德赛率领一批精干的兵士藏在了木马的肚子
里，然后将木马运到特洛伊城下。在双方激战中，希腊人假装战败，纷纷撤
退，留下了这匹木马。特洛伊人想把木马拖进城去。这时，特洛伊城阿波罗
神庙的祭司拉奥孔劝阻众人。他告诫特洛伊人这匹木马是不祥之物，很可能
是希腊人的诡计。但特洛伊人出于好奇，还是把木马拖入城中。夜间，当特
洛伊人好梦正酣、毫无戒备的时候，奥德赛等人从木马中钻了出来，打开城
门引大军进城，里应外合才攻陷了特洛伊。希腊人获得了胜利。希腊人进城
后，大肆杀戮，帕里斯王子也被杀死，特洛伊的妇女、儿童全部沦为奴隶。
特洛伊城被掠夺一空，烧成了一片灰烬。战争结束后，希腊将士带着大量战
利品回到希腊，墨涅俄斯抢回了美貌的海伦重返故土。因为拉奥孔警告同胞
千万不要中希腊人设下的木马计谋，得罪了希腊保护神雅典娜。雅典娜为了

惩罚拉奥孔，立即派两条巨蟒从田奈多斯岛直奔特洛伊，首先咬死了拉奥孔的两个儿子，然后又缠绕着拉奥孔，用毒液浸透他的肉体。群雕表现的就是这一人与神冲突的悲剧。

雕像中，拉奥孔位于中间，神情处于极度的恐怖和痛苦之中，正在极力想使自己和他的孩子从两条蛇的缠绕中挣脱出来。他抓住了一条蛇，但同时臀部被咬住了；他左侧的长子似乎还没有受伤，但被惊呆了，正在奋力想把腿从蛇的缠绕中挣脱出来；父亲右侧的次子已被蛇紧紧缠住，绝望地高高举起他的右臂。那是三个由于苦痛而扭曲的身体，所有的肌肉运动都已达到了极限，甚至到了痉挛的地步，表达出在痛苦和反抗状态下的力量和极度的紧张，让人感觉到似乎痛苦流经了所有的肌肉、神经和血管，紧张而惨烈的气氛弥漫着整个作品。歌德认为，人类对自己和别人的痛苦会产生畏惧、恐怖和怜悯三种感觉。一件雕塑能表现其中之一，就已是难能可贵了，而《拉奥孔》却同时把三种感觉表现出来。父亲临近死亡的搏斗，使人恐怖；大儿子看来还有希望逃脱，令人担心、畏惧的是他能否逃脱；小儿子即将气绝，让

▲ 表现特洛伊战争的想象图

希腊军队采用了奥德修斯的计策，军士们藏在巨大的木马之中。特洛伊人把木马拖进城，希腊人破马而出，里应外合，攻下了伊利昂城，长达10年之久的特洛伊战争结束。

人不能不为此而感到同情和惋惜。这段故事是罗马诗人维吉尔的《伊尼特》第二卷里最有名的一段：

（两条大蟒蛇）

一直就奔向拉奥孔；首先把他两个孩子的

弱小身体缠住，一条蛇缠住一个。

而且一口一口地撕吃他们的四肢，

当拉奥孔自己拿着兵器跑来营救，

它们又缠住他，拦腰缠了两道，

又用鳞背把他的颈项捆了两道，

它们的头和颈在空中昂然高举。

拉奥孔想用双手拉开它们的束缚，

但他的头巾已浸透毒液和瘀血，

这时他向着天发出可怕的哀号。

莱辛在《拉奥孔：论画与诗的界限》一书中，通过特洛伊太阳神庙祭司拉奥孔父子三人被蛇缠住咬死的故事在古代造型艺术和诗歌中的不同处理——"为什么拉奥孔在雕刻里不哀号，而在诗里却哀号？"探讨画与诗的界限问题。

古希腊诗人西蒙尼得斯认为"画是无言的诗，诗是能言的画"。拉丁诗人贺拉斯在《诗艺》里说："画如此，诗亦然。"这种强调诗画模仿自然的诗画一致说在17~18世纪成为新古典主义文艺理论一个典型特征。

莱辛认为，拉奥孔之所以在诗歌中大声呼号，而在雕塑中只是"轻微的叹息"，是因为"美是古代艺术家的法律；他们在表现痛苦中避免丑"，"凡是为造型艺术所能追求的其他东西，如果和美不相容，就必须让路给美；如果和美相容，也至少须服从美"，"试想像拉奥孔张口大叫，看看印象如何……面孔各部免不了呈现很难看的狞恶的挛曲，姑且不用说，只是张着的大口，在图画中是一个黑点，在雕刻中是一个空洞，就要产生极不愉快的印象了"。因此，拉奥孔的哀伤要冲淡为愁惨，愤怒要冲淡为严峻。莱辛还认为，在诗歌中拉奥孔可以穿着衣服，蟒蛇可以在他的腰上绕两道，在他的颈上也绕两道，但在雕塑中拉奥孔是裸体的，蟒蛇不能遮盖他的躯干，因为诗歌可以以此来强化恐怖，表现体面："一件衣裳对于诗人并不能隐藏什么，我们的想象能看穿底细。无论史诗中的拉奥孔是穿着衣或裸体，他的痛苦表现于周身各部，我们可以想象到。"至于雕像却须把苦痛所引起的四肢筋肉挛曲很生动地摆在眼前，穿着衣，一切就遮盖起来了。

《拉奥孔》关于诗与画界限的划分是从文艺模仿自然这个基本信条出发的。莱辛就"自然"这个笼统的概念进行了分析，指出自然有静态与动态之分，由于所用媒介不同，诗只宜于描写动态而画宜于描绘静态。莱辛就是要划定诗和画的界限，挑战诗画一致说，提出诗画异质说。

莱辛认为诗与画的差异主要有以下两点：首先是题材方面：造型艺术只能描绘静态的物体，而诗人描写的对象则是动作。画只描绘在空间中并列的物体，局限于可以眼见的事物，只宜用美的事物，即可以引起快感的那一类可以眼见的事物。"在永远变化的自然中，艺术家只能选用某一顷刻，特别是画家还只能从某一角度运用这一顷刻。"莱辛说，凡是一纵即逝的东西，一旦通过艺术固定下来就会给人留下可怕的视觉印象，所以就不应该在那一顷刻中表现出来。而且在造型艺术中，艺术品是同时展示给观赏者的，只存在欣赏过程中的体验与想象；诗则叙述在时间上先后承续的动作，不受眼见的局限，可以写丑，写喜剧性的、悲剧性的、可厌恶的和崇高的事物；莱辛说："毫无必要像画家那样把他的描绘集中到某一顷刻。他可以随心所欲地就他的每个情节从头说起，通过中间所有的变化曲折一直到结局。"在诗中，读者则是随着阅读逐步展开还原过程。莱辛认为："诗是更为宽广的艺术，它可以达到绘画所永远达不到的那种美。"

其次，媒介方面，莱辛提出绘画所用的符号是在空间中存在的、自然的；而诗所用的符号却是在时间中存在的、人为的。因而，"时间上的先后承续属于诗人的领域，而空间则属于画家的领域。"画使用线条颜色之类"自然的符号"，它们是在空间并列的，只宜于描绘在空间中并列的物体。由于造型艺术媒介材料的限制，莱辛要求艺术家为了美而牺牲表情。诗使用语言的"人为的符号"，它们在时间上是先后承续的，适宜叙述在时间中先后承续的动作情节。

《拉奥孔》虽是诗画并列，而其中的一切论点都偏重说明诗的优越。用莱辛自己的话说："生活高出图画多么远，诗人在这里也高出画家多么远。"

《拉奥孔》这部未完成的著作被誉为"现实主义美学里程碑"和"启蒙运动思想武器"。俄国杰出的美学家和文学家车尔尼雪夫斯基说："自从亚里士多德以来，谁也没有像莱辛那样正确和深刻地理解了诗的本质。"因为莱辛把人生看作诗的唯一基本题材和唯一主要的内容。

# 第六章

# 德国古典美学

## 德国古典主义美学奠基人

### ——康德

伊曼努尔·康德（1724～1804），启蒙运动时期最重要的思想家之一，德国古典哲学创始人。

1724年4月22日康德出生于东普鲁士首府哥尼斯堡（今天的俄罗斯加里宁格勒）的一个马鞍匠家庭，1740年进入哥尼斯堡大学攻读哲学，1745年毕业。从1746年起康德去一个乡间贵族家庭担任家庭教师4年，1755年康德重返哥尼斯堡大学，完成大学学业，取得编外讲师资格，任讲师15年。1770年康德被任命为逻辑和形而上学教授，1786年升任哥尼斯堡大学校长，1797年辞去大学教职。1804年2月12日病逝。康德在哥尼斯堡大学任教期间先后当选为柏林科学院、彼得堡科学院、科恩科学院和意大利托斯卡那科学院院士。

卡尔·雅斯贝斯将康德与柏拉图和奥古斯丁并列为三大"永不休止的哲学奠基人"。康德在其三十多年的研究生涯中，留下了三部划时代的杰作：《纯粹理性批判》（1781年）、《实践理性批判》（1788年）和《判断力批判》（1790年）。康德以他的三部《批判》实现了

**▲ 康德像**

德国哲学家康德是历史上最伟大的哲学家之一，他提出"人的认识既依赖于经验，也依赖于理智"的观点，是欧洲理性主义与经验主义的集大成者。

他理想中的真、善、美的统一，构筑起三位一体的神圣的哲学殿堂。康德把他的时代称为"批判的时代"。

德国大诗人海涅说："康德的生平履历很难描写，因为他既没有生活过，也没有经历什么。"康德终生没有离开过哥尼斯堡，但是他思考的范围却横跨宇宙。他一生中只有一次离家到一个100公里外的城市旅行的经历，但是他却像一个阅历丰富的旅行家那样，在人类学著作中对各国风土人情做了详细而生动的描写。

1754年，康德发表了论文《论地球自转是否变化和地球是否要衰老》，对"宇宙不变论"大胆提出怀疑。康德的星云说发表后并没有引起人们的注意，直到拉普拉斯的星云说发表以后，人们才想起了康德的星云说，后来命名为康德—拉普拉斯假说。

康德外表生活秩序井然，千篇一律，比起从事这种工作的其他人来，显得更为单调刻板。

在哥尼斯堡大学任教的康德的一天是这样的：5时，康德起床，穿着睡衣去书房，他的书房里摆着两张普通的书桌，墙上挂着一幅卢梭的画像。康德的私人书籍并不多，各种书加起来也不过500本。先喝两杯淡茶，再吸一斗香烟。7时，康德去教室上课。课后他又换上睡衣回到书房看书。13时，康德再次更衣，与朋友共进午餐。康德是一个美食家，跟当时18世纪的习惯一样，康德午餐都到饭馆里去吃，而且很讲究美食佳肴。酒的选择对康德来说也很重要，早年中意于红酒，而晚年更喜爱白酒。他喜欢不慌不忙地悠然用餐，如果他喜欢某一道特别的菜，他会询问烹饪法以及它是如何预备的，也会随口评判一番。希佩尔后来开玩笑说："迟早他会写成一部《烹饪术批判》。"

每天午后3点半，人们就会看到，在一座庭院外的林荫道上，总会悠然走来一个身高不足5英尺，凹胸凸肚，右肩内曲，左肩下斜，歪搭着头的小矮子。他身上永远穿着一套灰色的装束，手里永远提着一支灰色的手杖，后面永远跟着一位忠诚的老仆人，永远为他准备着一把雨伞。这一主一仆是如此的守时，以至于市民们在与他们亲切地打招呼的同时，总忘不了趁机校正自己的手表。这就是哲学家康德和他的仆人拉普。那条街道后来被命名为"康德小道"。

一位康德传记家赞叹道："康德的一生就像是一个最规则的动词。"然而有一次，康德读到卢梭的《爱弥儿》，简直是如获至宝，不忍释卷，一连几天足不出户，把自己的作息安排表忘了个一干二净。这是一次例外，而且这是康德仅有的一次例外。

康德说："我生性是个探求者，我渴望知识，急切地要知道更多的东西，有所发明才觉得快乐。我曾经相信这才能给予人的生活以尊严，并蔑视无知的普通民众。卢梭纠正了我，我想象中的优越感消失了，我学会了尊重人，除非我的哲学恢复一切人的公共权利，我并不认为自己比普通劳动者更有用。"

康德对"绝对律令"的遵守也并非不折不扣，据说他规定自己每天清早只能抽一斗烟，可随着时间的推移，他的烟斗却越来越大。终生未娶的康德并非不近女色。康德曾开玩笑地说："当我想要女人时，我却养不起她；当我养得起女人时，我却不再需要她了。"

在日常生活中，他衣着讲究入时。他喜爱参加哲学圈子以外的沙龙，且谈吐不俗，机智幽默，谈锋甚健，富有魅力，尤其是在女士们在场的时候。在课堂上也颇受学生的欢迎，演讲时的侃侃而谈，与三部《批判》中的晦涩语言有着本质的区别。

赫尔德回忆说："我常常怀着感激而兴奋的心情回忆我年轻时候同一位大哲学家（指康德）的相处，他对我来说是一个真正充满人性的老师……他非常善于运用诙谐、警句和幽默，而在人们哄堂大笑时他则能保持严肃……"

据说《纯粹理性批判》刚出版时，有人向康德抱怨说感到手指头太少了。因为他每读一个从句便用一个手指按住，十个手指头用完了，而整个句子还没读完。然而，当康德在学术上终于获得公众认可，受到哲学界尊敬后，他的书又突然得到各界人士的青睐，成了时髦的书。甚至连不学无术的贵族夫人和小姐也要设法买几本放在卧室里，以显示自己的修养与学识。

康德的家庭信奉路德教的虔信派，他是一个虔诚的教徒，但他的理性宗教观却被普鲁士政论指责为"歪曲蔑视《圣经》和基督教的基本学说"。康德晚年已经是闻名于世的哲学家了，他去世后，人们为他举行了隆重的葬礼。据说，全部哥尼斯堡人都参加了这个城市最伟大的儿子的葬礼，但是只有教会的人没有参加。康德在临终前的最后一句话是"这很好"，在他看来这是上帝的安排。当天天气寒冷，土地冻得无法挖掘，整整16天过去后康德的遗体才被下葬。

康德的墓碑刻着："有两种东西，我们愈是时常反复地思索，它们就愈是给人的心灵灌注了时时翻新、有增无减的赞叹和敬畏：头上的星空和心中的道德法则。"这是人类思想史上最气势磅礴的名言之一，它出自康德的《实践理性批判》最后一章。康德本身就是人类思想天空里的一颗巨星。

"在哲学这条道路上，一个思想家不管他是来自何方和走向何处，他都必须通过一座桥，这座桥的名字就叫康德。"

在《纯粹理性批判》的序言中，康德宣布："我们的时代是一个批判的时代，任何东西都不能指望逃避这个批判。当宗教想要躲在神圣的后面，法律想要躲在尊严的后边时，它们恰恰引起人们对它们的怀疑，而失去人们对它们尊敬的地位，因为只有能够经得起理性的自由与公开的检查的东西才博得理性的尊敬。"

思想史家们习惯地把19世纪称为一个思想体系的时代，因为体系欲望从未有一个时代如此强烈地统治着哲学思想。在《纯粹理性批判》和《实践理性批判》之后，康德出版了他的第三批判——《判断力批判》，标志着他的批判哲学的最终建立和完成。

康德在其哲学研究中提出了三个大问题：我

▲ 曾被用于著作封面的康德漫画

从1781年开始，康德完成了《纯粹理性批判》、《实践理性批判》和《判断力批判》三部著作，这标志他的批判哲学体系的诞生，随之带来了一场哲学上的革命。

们能够知道什么？我们应该做什么？我们可以希望什么？《纯粹理性批判》回答了第一个问题，《实践理性批判》回答了第二和第三个问题，而《判断力批判》则试图来回答如何消除自然和自由之间的鸿沟，这也是《判断力批判》的任务。

亚里士多德说：人是有理性的动物。理性是哲学问题的核心部分。康德在第一批判《纯粹理性批判》中提出他的问题：人类的知识是如何可能的？黑格尔谈到康德的理性概念时说："康德在灵魂的口袋里尽量去摸索里面还有什么认识能力没有，碰巧发现还有理性。"康德说："我的问题是，一旦抛开物质和经验，我们凭借理性能有什么收获。"重建"知识论"是康德毕生的关注重心。意识不仅反映世界，而且创造世界，这条原理就起源于康德。

康德如此断言："知性不是从自然界获得自己的规律，而是给自然界规定规律。"正是从康德开始，在西方思想史上源远流长的将人的心灵视作一面镜子的认识，不再显得理所当然。其意义对于认识来说，正如哥白尼翻转了地球和太阳之间的关系一样。康德将自己的工作称之为思想领域里的一场"哥白尼式革命"。事实上，可能意义比那还要重大。因为他改变了人类的思维方式。正如康德说："思维无内容则空，直观无概念则盲。"

▲东普鲁士的哥尼斯堡市从1544年就有了自己的大学，但是直到康德在这里出现，这座城市才成为欧洲哲学研究的前沿。

　　只要人是有理性的存在者，就必定是自由的。《实践理性批判》的主要目标是确定道德意识的性质是否能确证自由、灵魂不死和上帝存在的实在性，尤其是从道德——实践理性中把人的"自由意志"突现出来。道德首先是和自由的主体联系在一起的。自由是道德律存在的理由。

　　追求自由也就是人类向至善无穷接近的过程。然而，现在，虽然在作为感官之物的自然概念领地和作为超感官之物的自由概念领地之间固定下来一道不可估量的鸿沟，以至于从前者到后者（因而借助于理性的理论运用）根本不可能有任何过渡，好像这是两个各不相同的世界一样，前者不能对后者发生任何影响；那么毕竟，后者应当对前者有某种影响，也就是自由概念应当使通过它的规律所提出的目的在感官世界中成为现实。如何消除自然和自由之间的鸿沟就是康德的《判断力批判》要解决的问题。

　　在"自然人"与"自由人"之间需要有一个中介环节，这就是"审美人"。因为除认识之外，任何东西也不能传达给别人。因为思想的客观性的基础是概念，普遍性标志着客观性。审美判断既是单称的、个别的、主观的，又是具有普遍有效性的，而且又不是逻辑上的，即依赖概念的普遍性。

　　为了解决审美经验的普遍性不借助概念而得到实现的问题，康德提出了"判断力"的概念。康德说："判断力是一种特殊的天赋，它完全不能学得，只能练习。因此判断力是被称为天生机智的特性。"它是对抽象知性力的一种补充。其功能在于将"殊相"包含于"共相"之中。

　　判断乃是连接个别与一般的命题方式，譬如"这花是红的"和"这花是美的"，具有相同的判断形式，但在意义上却不相同。前者是知识判断，"这朵花"是个别的，而"红"则是普遍的一种属性。后者是审美趣味判断，因为是主观的、个人的、特殊的。康德就这样确认审美经验的内在普遍性："一个表象和这种判断力的诸条件的协合一致

▲ 康德原著书影

167

必须能够假定作为对每个人先验地有效。"

康德是最早按照整个哲学体系的要求来建立美学范畴的美学家。康德美学范畴的主干是：必然—美—崇高—自由。在康德看来，因为审美判断不是知识判断，从而不是逻辑的判断，而是凭借想象力和理解力相结合而与主体的快感和不快感相联系的审美判断。因此，可以运用理解力的四项范畴质、量、关系、情状来考察审美判断力，依照这四项范畴来对审美判断力进行分析，这就形成了美的分析和崇高的分析。

## 美的分析

第一，从质的方面看，美的特点在于没有利害性，这是因为审美判断只涉及对象的形式而不涉及对象的内容和存在。康德还把审美判断和逻辑判断严格区分开来，认为审美判断是一种情感判断而非理智判断，所以不涉及概念。

康德认为："每个人必须承认，一个关于美的判断只要夹杂着极少的利害感在里面，就会有偏爱而不是纯粹的欣赏判断了。"因此美感不同于快感，美不同于善。就质而言，美的特点是不涉及利害而令人愉快，这是美的无目的性决定的。这一分析把审美愉快与感官上和道德上的愉快区分开来。美只适用于人类，这种不关利害、无所欲求的自由的审美活动，正是人类高于动物的精神境界的完美追求。这也导致了"纯美"和"纯艺术"的偏向，这对后来的唯美主义，"为艺术而艺术"的文艺思潮起了极大的影响。

第二，从量的方面考察审美判断，美是不凭借概念而普遍令人愉快的。因为审美快感不涉及任何利害关系，所以它就不依赖概念，所以审美判断的普遍性就不是客观的，即不是对象的一个属性，而是主观的，是一切人的共同感觉。一切鉴赏判断都是单个的判断，审美判断是单称判断，但是，鉴赏判断本身就带有审美的量的普遍性，那就是说，它对每个人都是有效的。

审美判断的普遍性是人的心理机能相同：人同此心，心同此理。康德说："关于快适，下面这个原则是妥当的，即每一个人有他独自的（感官的）鉴赏。在美这方面，那是完全两回事了。如果那些对象单使他满意，他就不能称呼它美。但是如果他把某一事物称作美，这时他就假定别人也同样感到这种愉快：他不仅仅是为自己这样判断着，他也是为每一个人这样判断着。"美是不涉及概念而普遍使人愉快的，这是美的合目的性决定的。

第三，从关系方面考察审美判断，康德提出"美是无目的的合目的性"。"无目的"是指内容说的；"合目的性"则是指形式说的，也就是说，美的事物，它在内容上虽然没有给我们什么实际的满足，但在形式上，作为一个完整而又独立自主的整体，却合于我们审美的目的。它不是某个具体的客观的目的，而是主观上的一般合目的性，所以叫作没有具体目的的一般合目的性。

第四，从审美方式看，康德认为："美是不依赖概念而被当作一种必然的愉快的对象。"所谓判断方式是指判断带有可然性、实然性或必然性。任何形象的显现都有产生快感的可然性；某一形象令人产生了快感，那是实然的；而美的东西令人产生快感却是必然的。所谓必然性，是指事物间内在的必然联系。美的事物，必然能引起审美的快感。这不是由于理论上的推论、道德意志上的要求，也不是由于经验上的总结，审美判断的必然性只能是"范例的必然性"，是由于一切人对于一个判断的赞同的必然性，即一切人对一个用范例（某一具体的形象显现）来显示出一种不能明确说出的普遍规律的判断都要表示同意的那种必然性。这种"都要表示同意"的基础就是康德所

▲康德认为，事物如果不能为我们的身体器官所把握，也就不可能成为我们的经验。在约翰·埃夫雷特·密莱司的画作《盲女》中，盲女可以欣赏协奏曲的乐声，可以触摸女儿的手，闻到女儿的头发，却永远不能感受身后天空的彩虹。

说的尽人皆有的先天的"共同感觉力"。审美判断恰恰在于，在对象的性质适合了我们对待它的方式时，我们才按照这种性质称之为美。

康德在对美分析之后，又进行了对崇高的分析。他从认识领域相关的想象力和知性的自由活动走到了理性参与的道德领域，从重视对象与主体的和谐，到更加偏重和强调理性，从而进一步体现了审美判断的中介和桥梁作用。可以说，至崇高的分析，康德的批判哲学体系才真正实现了逻辑结构的完整性，知、情、意三种心意机能所追求的真、善、美才能在先验的基础上达到了和谐统一。

康德通过不同的方式对人进行了认识，他说：人是目的，永远不可把人用作手段。这句话概括了整个启蒙运动的宗旨。

正如哲学家们常说：永远说不尽的康德。海涅在《论德国宗教和哲学的历史》中写道："德国被康德引入了哲学的道路，因此哲学变成了一件民族的事业。一群出色的思想家突然出现在德国的国土上，就像用魔法呼唤出来的一样。"

## 复杂多变的歌德美学

歌德（1749 ～ 1832），德国诗人、剧作家、自然科学家和思想家。他是公认的世界文学巨人之一；是 18 ～ 19 世纪德国文学和欧洲浪漫主义的一个标志。

在世界文学史上，歌德与但丁、莎士比亚齐名，并称"三大诗圣"。

作为一名自然科学家，他的独立生物学的发现启发了达尔文。

歌德出生在德国梅因河畔法兰克福一个富裕市民家庭。自小在富饶和乐的家庭成长，父亲是位教养深厚、坚毅刚强的法学家，曾任皇家参议。母亲是市长女儿，精明活泼，善讲故事。在父亲严格监督下，歌德学习语言及自然科学、艺术、马术、剑术等多方面教育。

歌德 16 岁至莱比锡大学攻读法律，在史特拉斯堡大学时期，他的天分开始凸显。18 世纪 70 年代初，一场追求个性解放的"狂飙突进"运动势不可挡地席卷整个德国。1771 年 10 月 14 日，歌德发表了以《莎士比亚命名日》为题的演说："我没有片刻犹疑拒绝了有规则的舞台。我觉得地点的统一好像牢狱般的狭隘，行动和时间的统一是我们想象力的讨厌枷锁。我跳向自由的空间，这时我才觉得有了手和脚……"这篇充满自由精神的演说成为"狂飙运动"的激情宣言。

影响他一生的大事有两件，一件是与赫尔德的相识，开启了歌德对自然和自我心灵中寻求创作的源泉。另一件是在大学时代与乡村少女芙丽德里克的相恋与背弃。他曾为这段恋情写了不少动人情诗。两人曾经甜甜蜜蜜，但后来歌德似乎害怕婚姻的枷锁，狠下心跟情人分手，留下伤心的芙丽德里克终生未嫁。这对歌德而言留下不可抹灭的悔恨，这份内疚感不断地呈现在他多部作品里。25 岁时又以书信体小说《少年维特之烦恼》声名大噪，跻身世界文坛，成为浪漫主义的先驱，并引起一股维特热。

歌德年轻时就显露出才气，能够赋诗为文。在歌德的内心，其实一直犹豫着，到底自己该当个诗人，还是画家？这个问题始终没有答案，一直到歌德 37 岁，他才终于采取行动，启程前往当时的文艺之都意大利，他希望通过这次游历和见识，知道自己有没有成为画家的天命。这正如歌德自己所说，真理会找到它自己。

他 26 岁应聘至魏玛，此后便居住于此，历任政府要职，尽心辅政。1794 年与席勒的相识，是生命中最重要的友谊。歌德曾说：是席勒给予我第二次青春，使我再度成为诗人，此后，我将不会停止写诗。在席勒去世

▼ **歌德像**

歌德这位文学巨匠在戏剧、美学、绘画、政治等多个领域都取得了巨大成就，他的美学思想对黑格尔的美学理念有重要的启发。

▲《少年维特之烦恼》中插图，维特初识绿蒂。

时，歌德喟叹道："这位挚友的死，使我也失去一半的生命。"

歌德一生情史辉煌，女朋友一个接一个，而且有的还是有夫之妇。大学毕业后，歌德到威兹拉小城工作，认识了已经有婚约在身的夏绿蒂。

歌德前往魏玛宫廷任职时，认识了封思坦夫人，两人的不伦之恋在小城里备受议论。从意大利回到魏玛后，歌德和一名贤慧又坚毅的工厂女工同居，后来不但生下儿子，两人也终于结为夫妻。

歌德的感情世界丰富多彩，几段荡气回肠的爱情更是促进了他的精彩创作。即使年届古稀，73 岁那年，仍热烈追求一位 17 岁少女，但遭拒，于是写下晚年抒情杰作《马伦巴悲歌》。

歌德曾表白："我的一生——完全沉浸在爱情里；也就是说，我的作品全是为了爱情。如果没有了爱，没有了情，我是写不出什么东西的。"

从 1813 年 10 月始，歌德把兴趣集中到了遥远的中国。他通过英法文译本读了一些中国小说和诗歌，如《好逑传》、《玉娇梨》、《花笺记》、《今古奇观》等。歌德在谈到中国的一部长篇小说时说："中国人在思想、行为和情感方面几乎和我们一样，使我们很快感到他们和我们是同类人，只是在他们那里一切都比我们这里更明朗、更纯洁，也更合乎道德。"他说："我愈来愈相信，诗是人类共有的精神财富。民族文学在现在算不了什么，世界文学的时代已快来临了。"

1830 年 10 月 29 日，歌德的独子奥古斯特在罗马去世，11 月 10 日歌德得知后，月底咯血。1832 年 3 月 22 日 11 时 30 分，歌德手里握着笔，端坐在圈椅上，呈现闭目思索的神态。当人们推门进屋的时候，以为他正在准备拍照。然而，那写作的场面成为永远留给后人的回忆了。

德国作家、歌德晚年的助手和挚友爱克曼写道："遗体赤裸……他的胸脯强壮有力，宽阔，向上拱起……一个完美的人躺在我眼前，显出了了不起的美。"

歌德死后，根据他的遗言，被安葬在魏玛公爵墓地席勒的遗体旁。歌德去世，著名哲学家海涅视为"艺术时代的结束"。

德国诗人贝希尔说歌德是对生活的一曲伟大的德语赞歌。

## 古典主义的余晖

恩格斯称歌德为"最伟大的德国人"。朱光潜说：歌德那多达 143 卷的全集乃是美学思想的一个极丰富和极珍贵的宝库，还有待进一步的发掘。

恩格斯在谈到歌德和席勒时说："歌德过于博学，天性过于活跃，过于富有血肉，因此不能像席勒那样逃向康德的理想来摆脱鄙俗气；他过于敏锐，因此不能不看到这种逃跑归根到底不过是以夸张的庸俗气来代替平凡的庸俗气。他的气质、他的精力、他的全部精神意向都把他推向实际生活，而他所接触的实际生活却是可怜的。"

关于艺术和自然之间的关系，歌德曾经说过："艺术家对于自然有着双重的关系：他既是自然的主宰，又是自然的奴隶……艺术家通过一种完整体向世界说话，但这种完整体不是他在自然中所能找到的，而是他自己的心智的果实，或者说，是一种丰产的神圣的精神灌注生气的结果。"

歌德认为美就是自然，美在现实生活中，美是自然的秘密规律的表现。梅林说：从未有过一个诗人，像歌德这样和大自然融为一体。歌德不是描写大自然的诸般现象，在他的作品里，大地蒸腾，太阳照耀，群星灿烂，大海咆哮。

"我的诗的客观性，是有赖于眼睛的这种极大的注意和训练的。""不要说现实生活没有诗意。诗人的本领，正是在于它有足够的智慧，能从惯见的平凡事物中见出引人入胜的一个侧面。"但是，只有对自然的观察还不够，创作还要通过作家的内心的体验和感悟。

"艺术不应当完全屈从于自然的必然性，它还有它本身的规律。""我如果不凭预感把世界放在内心里，我就会视而不见，而一切研究和经验都不过是徒劳无益了。我们周围有光也有颜色，但是我们自己的眼里没有光和颜色，也就看不到外面的光和颜色了。"艺术应该是自然事物的道德表现。要求艺术所处理的自然"在道德上使人喜爱"。

自然是唯一的用之不尽的源泉，只有自然可以产生大艺术家。

歌德一生经历了启蒙运动、浪漫主义及古典时期，他的美学思想也是一种混和产物。歌德说："古典诗和浪漫诗的概念现在已传遍了全世界，引起了许多争执和纠纷。这个概念原来是由席勒和我两人传出去的。我主张诗要从客观世界出发的原则，认为只有这种诗才是好的。"

▲在玛丽安娜家中的晚宴上，歌德与女主人的朋友们一同读书谈论。

在 1813 年的《说不尽的莎士比亚》中，歌德对古典的和浪漫的有一个历史—文化意义上的划分：

▼ 歌德在法兰克福的故居

古典的：纯朴的，异教的，英雄的，现实的，必然，职责。

浪漫的：感伤的，基督教的，浪漫的，理想的，自由，意愿。

"世界是那么广阔丰富，生活是那么丰富多彩，你不会缺乏作诗的材料。一个特殊具体的情境通过诗人的处理，就变成带有普遍性和诗意的东西。我的全部诗都是应景即兴的诗，来自现实生活，从现实生活中获得了坚实的基础。我一向瞧不起空中楼阁的诗。"这说明歌德是从现实出发，认为诗歌或者是艺术是反映生活的，是典型的现实主义。正如他所说："我要坚定生活在尘世间。"

"要创造伟大，必须精神凝集，在限制中才现出能手，只有规律能给我们自由。"

他的一生，正如其在巨著《浮士德》中所说："我要投入时间的急流里，我要投入事件的进展中……快乐对我而言并不重要，因此我若在某瞬间说：'我满足了，请时间停下！'就是我输了……我要用我的精神抓住最高和最深的东西，我要遍尝全人类的悲哀与幸福。"

哲学家谢林说："歌德活着的时候，德国就不是孤苦伶仃的、不是一贫如洗的，尽管它虚弱、破碎，它在精神上依然是伟大的、富有的和坚强的。"

# 席勒承上启下

席勒（1759～1805），德国戏剧家和诗人。2005年5月9日是席勒200周年的忌辰，德国政府将这年命名为"席勒年"。

席勒生于内卡河畔的马尔巴赫。父亲是外科医生，后在部队里当军医。母亲是面包师的女儿。因为父亲在军队服役为军官，他是由母亲一手养大的。1773年初，席勒被符腾堡欧根公爵强行送进他创办的军事学校，先是学习法律，1775年迁至斯图加特时加了医学课，同时又学军医课程，直到1780年，席勒一直在这里受教育。在这所学校里，学生与外界长年隔绝，整年不得外出，亦无假日，出身不同的学生彼此之间严禁往来，尤其是不许阅读进步书籍。席勒称这所学校为"奴隶养成所"。

在斯图加特期间，他接触了"狂飙突进"运动文学，他秘密写出反抗暴君的第一个剧本《强盗》。1782年1月13日第一次公演时引起极大的震动，它是狂飙运动的代表作之一。1782年席勒逃离了公爵统治的斯图加特，悄悄跑到曼海姆等地专门从事戏剧创作。虽然过着贫困的生活，但对自己的艺术使命和光明前途充满信心。

1782年他写出了第三部悲剧《阴谋与爱情》，是其青年时代最成功的一部剧作。恩格斯称该剧为"第一部德国的有政治倾向的戏剧"。这是德国文学史上"狂飙突进"运动中戏剧方面的杰作。席勒在曼海姆负债累累，心情抑郁。创办杂志和同贵族女子之间的爱情失败，使他心力交瘁。

艰苦和飘泊不定的生活损害了他的健康。1785年，他在贫病交迫中接受克纳尔等4个年轻人的邀请，4月间前往莱比锡城外的哥里茨村度假。他们先是发出邀请，后又寄去钱袋。席勒在哥里茨小村住了4个月，安定的生活环境，清新宁静的田园风光，友情的呵护，使他心田里充满激情，激发他写出著名的《欢乐颂》。这首诗写成之后，约有百名作曲家为之谱曲，其中以贝多芬最有名，成为他著名的第九乐章。在那里还完成了《唐·卡洛斯》，标志着他的创作正从狂飙突进时期向古典时期过渡。

1787 年 7 月席勒来到魏玛。1789 年经歌德推荐任耶拿大学历史教授。1790 年与夏洛蒂结婚。1792 年获法兰西共和国荣誉公民称号。1788 年至 1795 年间写出了许多历史和美学著作。

歌德和席勒在一起 10 年（1794 ～ 1805），对德国文学做出巨大贡献，创造了"德国古典文学"的灿烂时期。席勒的最重要著作和叙事诗、后期的力作都完成于这 10 年之间。歌德也曾对席勒深情地说过："你给了我第二次青春，使我作为诗人而复活了——我早已不再是诗人了。"

1797 年歌德和席勒各自都写出一系列著名的"谣曲"叙事诗，因而这一年被称为"谣曲年"。此后席勒继续从事戏剧创作，写出《华伦斯坦》三部曲（1798 年、1799 年）以及《威廉·退尔》（1803 年）等著作。1805 年 5 月 9 日去世。

没有人能说清席勒究竟是一个进行哲学思考的诗人，还是一个作诗的哲学家。

> 欢乐啊，群神的美丽的火花，
> 来自极乐世界的姑娘，
> 天仙啊，我们意气风发，
> 走出你的神圣的殿堂。
> 无情的时尚隔开了大家，
> 靠你的魔力重新聚齐；
> 在你温柔的羽翼之下，
> 人人都彼此称为兄弟。

——《欢乐颂》钱春绮译

## 审美中介说

席勒最重要的美学著作《论美书简》和《审美教育书简》集中地谈论了美的问题。席勒的《审美教育书简》中的命题大多数是以康德的原则为依据的。虽然席勒认为非此方式人类就不能取得进步是历史必然，但是现代性具有二律背反特性，席勒认为现代性也导致人性的分裂和艺术低俗。

席勒说："现在，国家与教会、法律与习俗都分裂开来，享受与劳动脱节、手段与目的脱节、努力与酬报脱节。永远束缚在整体中一个孤零零的断片上，人也就把自己变成一个断片了。耳朵里听到的永远是由他推动的机器轮盘的那种单调乏味的嘈杂声，人也就无法发展他生存的和谐，他不是把人性刻到他的自然（本性）中去，而是把自己仅仅变成他的职业和科学事业的一个标志。"

"然而在现时代，欲求占了统治地位，把堕落了的人性置于它的专制桎梏之下。利益成了时代的伟大偶像，一切力量都要服侍它，一切天才都要拜倒在它的脚下。在这个拙劣的天平上，艺术的精神贡献毫无分量，它得不到任何鼓励，从而消失在该世纪嘈杂的市场中。"

席勒给自己的使命是："我们有责任通过更高的教养来恢复被教养破坏了的我们的自然（本性）的这种完整性。""只有美的观念才能使人成为整体，因为它要求人的两种本性与它协调一致。"

他根据这个观念把人性区分为"人格"和"状态"的要求，认为人有两种冲动，即"感性冲动"和"形式冲动"。

▲ 1788 年，席勒在为魏玛的奥古斯特公爵表演并朗诵了他的《唐·卡洛斯》的第一章。席勒的美学思想承上启下，为美学向全新领域的发展指明了方向。

感性冲动，产生于人的自然存在或他的感性本性。它把人置于时间的限制之内，并使人成为素材；感性冲动的对象就是一切物质存在以及一切直接呈现于感官的东西，席勒将之称为"最广义的生活"。

形式冲动。它产生于人的绝对存在或理性本性，致力于使人处于自由，使人的表现的多样性处于和谐中，在状态的变化中保持其人格的不变。席勒说："感性冲动要从它的主体中排斥一切自我活动的自由，形式冲动要从它的主体中排斥一切依附性和受动性，但是排斥自由的是物质的必然，排斥受动的是精神的必然。因此两个冲动都须强制人心，一个通过自然法则，一个通过精神法则。"无论处在哪一种冲动的单独强制下，人性都是片面的、不完整的、不自由的。只有由第一种冲动过渡到第二种冲动实现两者的统一，才能使现实与必然、此时与永恒获得统一，真理与正义才得以显现。

席勒指出："要使感性的人成为理性的人，除了首先使他成为审美的人，没有其他途径。"席勒说："这一工具就是艺术，在艺术不朽的范例中打开了纯洁的泉源。"席勒认为，艺术的根本属性是"表现的自由"。

席勒提出了"游戏冲动"。人身体内郁积了许多精力，要发泄出来，人在这种状态中使两种冲动成为一种相互抵消的自由自在的活动，人也在精神和物质两方面得到了自由，人从感性的人过渡到理性的人，这种过渡的中间桥梁就是审美教育。

席勒认为："只有当人是完全意义上的人，他才游戏；只有当人游戏时，他才完全是人。"因为当人处于游戏的时候才能通过自由去给予自由，这就是审美王国的基本法律。席勒指出，只有通过审美教育这种精神能力的协调提高才能产生幸福和完美的人。这就是席勒关于审美教育的"中介论"，是整个美育的核心环节。正因为美育具有这种特殊的中介作用，所以席勒认为它是德智体其他各类教育所不可取代的。

他说："有促进健康的教育，有促进认识的教育，有促进道德的教育，还有促进鉴赏力和美的教育。这最后一种教育的目的在于，培养我们的感性和精神力量的整体达到尽可能和谐。"

他还认为审美教育可以实现社会改良："人们在经验中要解决的政治问

题必须借助美学问题，因为正是通过美人们才可以走向自由。"

黑格尔认为："席勒的大功劳就在于克服了康德所了解的思想的主观性与抽象性，敢于设法超越这些局限，在思想上把统一与和解作为真实来了解，并且在艺术（即美）里实现了这种统一与和解。"

席勒在《论素朴的诗与感伤的诗》之中主要是从诗人处理人与自然的关系的角度来划分他们的作诗方法。歌德曾经说过："古典诗和浪漫诗的概念现已传遍全世界，引起许多争执和分歧。这个概念起源于席勒和我两个人。"

席勒说："诗人或者是自然，或者寻求自然。所有诗人，只要实际存在着，他们都是处在由时代决定的状态之中的，他们活跃在时代之中，或者偶然的情况对他们总的教养和一时的心境发生影响，他们就要么属于素朴的诗人，要么属于感伤的诗人。"这两种不同创作方法的特征是："在自然的素朴状态中，由于人以自己的一切能力作为一个和谐的统一体发生作用，因而他的全部天性都完全表现在现实中，所以诗人就必定尽可能完美地模仿现实；相反，在文明的状态中，由于人的全部天性的和谐协作仅仅是一个概念，所以诗人就必定把现实提高到理想，或者换句话说，就是表现理想。事实上，这是诗的天才借以表现自己的仅有

▲ 秋千　法国　弗拉戈纳尔

作品描绘的是一对贵族夫妇在茂密的丛林中游玩戏耍。年轻的贵妇人正在荡秋千，眼光中充满挑逗，她故意把鞋踢进树林中，其夫被引得四处忙乱地寻找，她反而恣情大笑。作品虽然轻佻俗艳，却很符合当时贵族的审美需求。

的两种可能的方式。"因此，席勒所说的诗人的两种创作方法所创造出来的两种诗为：素朴的诗和感伤的诗，也就是后来人们所说的现实主义文学和浪漫主义文学，前者的特征是"尽可能完美地模仿现实"，后者的特征是"表现理想"。

歌德曾经指出，席勒为美学的全部新发展奠定了初步基础。

哈贝马斯在《论席勒的〈美育书简〉》一文中指出："这些书简成为了现代性的审美批判的第一部纲领性文献。席勒用康德哲学的概念来分析自身内部已经发生分裂的现代性，并设计了一套审美乌托邦，赋予艺术一种全面的社会——革命作用。由此看来，较之于在图宾根结为挚友的谢林、黑格尔和荷尔德林在法兰克福对未来的憧憬，席勒的这部作品已经领先了一步。"

正如鲍桑葵所认为的那样，席勒是康德与黑格尔之间的一个重要的桥梁。

# 德国古典美学的高峰

格奥尔格·威廉·弗里德里希·黑格尔（1770 ~ 1831），德国哲学家和教育家。

1770 年 8 月 27 日生于德国符腾堡公国首府斯图加特。其父是该城税务局书记官。1777 年，黑格尔进入斯图加特城拉丁文学校学习古典语文。三年后，进入该城的文科中学。在当时的同学和老师眼里，他不算聪明，却勤奋，为人老实，有点少年老成甚至迂腐。喜爱读书的他被同学称为"老头"。这个时期的同学在他的纪念册里，画了一幅驼背拄双拐的黑格尔的漫画并写道："愿上帝保佑这个老头。"

1788 年 10 月，黑格尔到图宾根神学院学习哲学和神学，受康德、斯宾诺莎和卢梭等人的思想影响。

在这里黑格尔结识了两个影响其一生的重要的人物：比他小 5 岁的"早熟的天才"谢林和天才诗人荷尔德林。

黑格尔要完成的伟大行为需要两翼：一是对希腊世界的热爱，一是对哲学的兴趣。他的朋友中，最能促进前者的是荷尔德林，最能促进后者的是谢林。

1793 年秋季，他完成学业。"神学有成绩，他看来不是一名优秀的传教士。"因为他不善辞令，沉默寡言。毕业后，他游历了卢梭的故乡瑞士，并给那里的一个贵族家庭的三个孩子当家庭教师。1797 年，在荷尔德林的引荐下，黑格尔来到法兰克福一个商人家当家庭教师。

1801 年，黑格尔来到了当时德国哲学和文学的中心耶拿，开始了他一生中具有决定意义的一个阶段。1801 年初，他到耶拿一个贵族家任教。8 月27 日，在他 31 岁生日的时候，由谢林帮助，黑格尔成为耶拿大学编外讲师。因为不善言辞，他上课时总是翻笔记，费劲地斟酌字眼。他给人的印象是木讷，被叫作"木头人黑格尔"。

他好沉思，因此，一次下午三点的课，他两点钟就到了，这本来是另外一位教授的课，学生是另一批。但是他毫不知觉地开始讲课了，另一位教授只好退走。等三点钟，他自己的学生来的时候，他说："诸位，感官的可靠性究竟是否真正可靠，首先取决于关于自身的意识经验。我们一直认为感官是可靠的，本人在一小时以前却对此有了一次特别的体验。"说完，嘴角露出一丝笑意，但是马上又消失了。

▲ 黑格尔像

黑格尔是德国著名的哲学家，绝对精神的布道者，在他看来，世界上的万事万物及其发展过程都是非物质性的，他的哲学所提出的自我意识成了这些历史发展过程的顶峰。同样，他的美学思想也达到了德国古典美学的巅峰。

1801 年 10 月 21 日，他首次见到魏玛公国枢密院大臣、大诗人歌德。从此开始了两个人伟大的友谊。1805 年获得副教授职称。1807 年，他出版了《精神现象学》，但是他也不得不离开耶拿而去巴伐利亚州的班堡担任《班堡日报》的编辑。因为在耶拿，他陷于经济窘迫，而且也因为风流韵事弄得满城风雨。他曾住过的一个房东的女主人给黑格尔生了一个儿子。这个孩子是这个女人的第三个孩子，取名为路德维希。这个 24 岁的私生子在黑格尔去世前，死在战争中。

作为昔日神圣罗马帝国的中心，在这个把历史的深沉和自然的美景完美结合的小城班堡，在小城最美丽的季节——1807 年的春天，37 岁的黑格尔在河边第一次遇到了拿破仑——那时的拿破仑皇帝正率领他那支不可一世的法国军队与普鲁士征战，身材矮小的拿破仑骑着高头大马，趾高气扬地从黑格尔以及其他班堡市民面前经过时，站在街边角落里的黑格尔发出了这样的感慨："做人当如拿破仑！"与拿破仑不同的是，黑格尔创造了一个辉煌而广阔的思想帝国，为暗淡的普鲁士王国抹上永恒的光辉。

因为报纸得罪了当局而停办，1808 年黑格尔来到了纽伦堡。12 月被任命为纽伦堡一个古典文科中学的校长，直到 1816 年。1811 年，黑格尔同一位比他小 20 岁的姑娘玛丽·冯·图赫尔结婚。婚姻开始遭到女方父母的反对，因为他们想让女儿高攀一位大教授而不是一个收入微薄的中学校长。由

▲ 拿破仑在埃纳夏尔·戴维南　19 世纪初
拿破仑的经历为黑格尔在政治思索和国家理念方面起着连续不断的参考作用。

于许诺了黑格尔将要成为埃尔兰根大学教授，9 月 16 日黑格尔结婚了。黑格尔说："我终于完全实现了我尘世的夙愿：一有公职，二有爱妻，人生在世，夫复何求。"图赫尔生了三个孩子，第一个女儿生下来不久就死了。两个儿子，一个成为埃尔兰根大学历史学教授，一个成为勃兰登堡省长。

1816 年，黑格尔到海德堡任哲学教授，开始享有盛誉。1818 年，普鲁士国王任命黑格尔为柏林大学教授。1822 年，黑格尔被任命为大学评议会委员。1829 年 10 月，黑格尔被选为柏林大学校长并兼任政府代表。1831 年，黑格尔被授予三级红鹰勋章。

据说，黑格尔有一次为了思考一个问题，竟然在同一个地方站了一天一夜；还有一次，他边散步边思索，一只鞋子陷入烂泥中而不知晓，一只脚上只是穿着袜子，伴随着他的观念继续往前走。

1831 年 11 月 14 日，黑格尔因感染了流行的霍乱病突然去世。

恩格斯说：他和歌德一样，在各自的领域中，都是奥林匹斯山上的宙斯。

黑格尔成为德意志民族世代引以为傲的思想巨人。他的主要著作包括《精神现象学》、《逻辑学》、《哲学全书》（其中包括逻辑学、自然哲学、精神哲学三部分）、《法哲学原理》、《美学》、《哲学史讲演录》、《历史哲学讲演录》，等等。

## 美是理念的感性显现

黑格尔说："对于我们来说，美和艺术的概念是由哲学系统提供给我们的一个假定。"黑格尔设定理念（绝对精神）为宇宙的基本前提与全部内容。罗素说的黑格尔的理念是"一位教授眼中的神"。

黑格尔继承了柏拉图关于"理念"的一些说法。他说："柏拉图是第一个对哲学研究提出更深刻的要求的人，他要求哲学对于对象（事物）应该认识的不是它们的特殊性，而是它们的普遍性，它们的类性，它们的自在自为的本体。"但是，黑格尔批评说："柏拉图的理念是空洞无内容的，已经不能满足我们现代心灵的更丰富的哲学要求。"所以黑格尔的理念是："一般说来，理念不是别的，就是概念，概念所代表的实在，以及这二者的统一。"

理念是普遍性和现实事物的特殊性、一般和特殊、抽象和现实的统一，而且理念本质上是一个过程。这个过程中理念按照正（自我意识）反（现实）合（回来自身）的矛盾模式向前发展。

黑格尔在他的自传中承认，他所创造的正反合辩证逻辑定律正是得自《易经》的启发。并且在《哲学史讲演录》上赞叹《易经》，他感慨地说："《易经》包含着中国人的智慧。"据说，这位西方哲学家后来曾经感叹地说，他一生中最大的遗憾是没有完全学透中国的《易经》！

正如恩格斯所指出："精神哲学又分成各个历史部门来进行，如历史哲学、法哲学、宗教哲学、哲学史、美学，等等——在所有这些不同的历史领域中，黑格尔都力图找出并指出贯穿这些领域的发展线索。在美学领域的发展线索就是美是理念的感性显现。同时，因为他不仅是一个富于创造性的天才而且是一个学识渊博的人物，所以他在每一个领域中都起了划时代的作用。"

黑格尔是德国古典美学的集大成者。黑格尔对于美的定义即"美是理念的感性显现"，是整个黑格尔美学体系的核心与基础，是开启黑格尔美学大厦之门的一把金钥匙。

黑格尔关于美的定义是："美就是理念，所以从一方面看，美与真是一回事。这就是说，美本身必须是真的。但从另一方面看，说得更严格一点，真和美却是有分别的。说理念是真的，就是说它作为

▲ 阿布辛拜勒神庙　古埃及　约公元前 1250 年

阿布辛拜勒神庙由古埃及国王拉美西斯二世建造，坐落于尼罗河西岸，开罗以南。神殿临砂岩绝崖凿嵌而成，俯瞰河水。神殿正门两边，各矗立一对对称的拉美西斯二世的巨型石像，围守着中央门户。每当太阳从东方升起，第一道光芒会先照到镶嵌在门户上方壁龛中的头像上。神庙中法老的巨像安详、威严，神圣不可侵犯。整个神庙是象征型艺术的杰作，也是黑格尔"美是理念的感性显现"的美学观点的真实体现。

理念，是符合它的自在本质和普遍性的，而且是作为符合自在本身与普遍性的东西来思考的。所以作为思考对象的不是理念的感性的外在的存在，而是这种外在存在里面的普遍性的理念。但是这理念也要在外界实现自己，得到确定的现前的存在，即自然的或心灵的客观存在。真，就它是真来说，也存在着。当真在它的这种外在存在中是直接和它的外在现象处于统一体时，理念就不仅是真的，而且是美的了。美因此可下这样的定义：美是理念的感性显现。"

美的内在的东西，即内容，就是理念；美的外在形式就是感性表现形式："感性显现就是直接呈现于感觉的外在形状，就是表现方式。"只有当理性和感性达到统一，才能现出真正的美。黑格尔指出："这就是说，美本身必须是真的。但是从另一方面看，说得更严格一点，真与美却是有分别的。""当真在它的这种外在存在中是直接呈现于意识，而且它的概念是直接和它的外在现象处于统一体时，理念就不仅是真的，而且是美的了。"而且"人对艺术品的专心致志纯粹是认识性的"。

黑格尔"绝对精神"的本质特征是自由。"美本身却是无限的，自由的"。所以，审美带有令人解放的性质，它让对象保持它的自由和无限，不把它作为有利于有限需要和意图的工具而起占有欲和加以利用。所以美的对象既不显得受我们人的压迫和逼迫，又不显得受其他外在事物的侵袭和征服。正因为美的理念与感性的直接统一融为一体，从而是一个独立自在的精神的统一体，所以，美就有了无限的自由性特征。美就是抛弃了必然性的自由。

理念是宇宙的根据，以绝对理念的内在矛盾作为动力，整个现象是理念以否定原则外化出的等级系统。黑格尔从美的定义出发，将美的对象划分为自然美与艺术美两大类。理念的最浅近的客观存在就是自然，第一种美就是自然美。理念高高在上，自然以其结构简单垂首于下，人则因生命的复杂性较显高贵；从矿物到植物到生命，各以接近理念程度的不同而领受一份不同的美的犒赏。

黑格尔认为，艺术美高于自然美，并且这里的高于不仅是一种相对的或量的分别，即艺术美在质上高于自然美。因为只有心灵才是真实的，只有心灵才涵盖一切，所以一切美只有在涉及这较高境界而且由这较高境界产生出来时，才真正是美的。就这个意义来说，自然美只是属于心灵的那种美的反映。它所反映的只是一种不完全不完善的形体，而按照它的实体，这种形态原已包含在心灵里。

"自然美只是为其他对象而美，这就是说，为我们，为审美的意识而美。"黑格尔说，"鸟的五光十彩的羽毛无人看见也还是照耀着，它的歌声也在无人听见之中消逝了；昙花只在夜间一现而无人欣赏，就在南方荒野的森林里萎谢了。而这森林本身充满着最美丽最茂盛的草木和最丰富最芬芳的香气也悄然枯谢而无人享受。"自然美的顶峰是动物的生命。但是动物有灵魂却没有心灵、没有精神，因而不能反观自身，在本质上就是不自由的。

黑格尔认为："艺术的内容就是理念，艺术的形式就是诉诸感官的形象。就艺术美来说的理念并不是专就理念本身来说的理念，即不是在哲学逻辑里作为绝对来了解的那种理念，而是化为符号现实的具体形象，而且与现实结合为直接的妥帖的统一体的那种理念。"艺术美的理想是具体的理念的感性显现，因而是理性与感性、自由与必然、主体与客体、认识与实践、一般与个别、内容与形式的高度统一；艺术与宗教、哲学同在一个领域，都是人的认识形式。艺术是感性显现着的自我意识。无论是就内容还是形式来说，艺术都还不是心灵认识到它的真正旨趣的最高的绝对的方式。在艺术里，感性的东西经过心灵化了，而心灵的东西也借感性化而显现出来了。

黑格尔按照理念的感性显现的不同程度和表现方式把艺术分为象征型、古典型、浪漫型三个类型。与象征型艺术相对应的主要是建筑，与古典型艺术相对应的主要是雕刻，与浪漫型艺术相对应的主要是绘画、音乐、诗。

黑格尔把象征型艺术称为艺术前的艺术。因为在象征型艺术中，这种理念越出有限事物的形象，就形成崇高的一般性格，因此，象征型艺术一般具有崇高这一特性。象征型艺术的代表是东方各民族（埃及、波斯、印度）的艺术。黑格尔把崇高作为真正神圣艺术的标志。因为象征的艺术由于用神性的东西作为作品的内容，崇高的艺术只赞颂神的伟大和庄严，是真正的神圣艺术。然而崇高是和人自身有限以及神高不可攀的感觉联系在一起的，人在神的面前觉得自己毫无价值，他只有在对神的恐惧以及在神的息怒之下的颤抖中才得到提高。显然象征型艺术是理念与形象显现不统一的艺术，所以，艺术由象征型向古典型过渡，由崇高的矛盾达到了美的和谐，即人走向了真正的统一和自由。

黑格尔认为，古典型艺术是真正的艺术。它体现在古希腊艺术中，特别是其雕刻。古典型艺术用恰当的表现方式实现了按照艺术概念创作的真正艺术，因为在古典型艺术中内容和完全适合内容的形式达到独立完整的统一，因而形成一种自由的整体，这就是艺术的中心。黑格尔把古典型艺术作为真正的美和艺术，这种美和艺术的中心和内容是有关人类的东西，而古希腊的艺术就是古典理想的实现。美的感觉，这种幸运的和谐所含的意义和精神，贯穿在一切作品里，在这些作品里希腊人的自由变成了自觉的，它认识到自己的本质。因此，希腊人的世界观正处在一种中心，从这个中心上美开始显示出它的真正生活和建立它的明朗的王国。

黑格尔把美当作古典型艺术的理想，即理念的感性显现的完满实现，及其显示出来的和谐。黑格尔说："古典型艺术是理想的符合本质的表现，是美的国度达到金瓯无缺的情况。没有什么比它更美，现在没有，将来也不会有。"他说："但是到了完满的内容完满地表现于艺术形象了，朝更远地方瞭望的心灵就要摆脱这种客观现象而转回到它的内心生活。这样一个时期就是我们的现在。我们尽管可以希望艺术还会蒸蒸日

▲黑格尔把现实的历史过程，即绝对精神朝着自我意识的过程，比作基督的受难、死亡和复活。

上，日趋完善，但是艺术的形式已不复是心灵的最高需要了。"这样，理念是独立自由的绝对精神，那么它就要离开外在世界而退回到它本身，这就产生了浪漫型艺术。

浪漫型艺术的真正内容是绝对的内心生活，相应的形式是精神的主体性，亦即主体对自己的独立自由的认识。浪漫型的美不再涉及对客观形象的理想化，而只涉及灵魂本身的内在形象，它是一种亲切情感的美，它只按照一种内容在主体内心里形成和发展的样子，无须过问精神所渗透的外在方面。因此，浪漫型的旨趣不再关心使实际存在现出古典型的统一，而是集中在一个与此相反的目的上，就是用一种新的美的气息灌注到精神本身的内在形象里，所以艺术从此就不大关心外在的东西，它只把当前现成的外在的东西信手拈来，让它爱取什么样的形状就取什么样的形状。

艺术演变的过程就是精神逐渐克服物质的过程。他认为音乐已经摆脱了物质材料的空间性和物质性，所以就比绘画更自由。作为美的艺术，音乐须满足精神方面的要求，要节制情感本身以及它们的表现，以免流于直接发泄情欲的酒神式的狂哮和喧嚷，或是停留在绝望中的分裂，而是无论在狂欢还是极端痛苦中都保持住自由，在这些情感的流露中感到幸福。黑格尔认为真正的理想的音乐听起来应该像云雀在高空中歌唱的那种欢乐的声音，这就是在一切艺术里都听得到的那种甜蜜和谐的歌调。（音乐）大师在作品里永远保持住灵魂的安静、愁苦之乐固然也往往出现，但总是终于达到和解；显而易见的比例匀称的乐调顺流下去，从来不走极端；一切都很紧凑，欢乐从来不流于粗犷的狂哮，就连哀怨之声也产生最幸福的安静。"

诗歌作为浪漫型艺术的最后一个阶段，又可分为三个小的阶段：悲剧、正剧和喜剧。"诗艺术是心灵的普遍艺术，这种心灵是本身已得到自由的，不受为表现用的外在感性材料束缚的，只在思想和情感的内在空间与内在时间里逍遥游荡。"艺术到了诗的阶段，到了这最高的阶段，艺术又超越了自己，因为它放弃了心灵借感性因素达到和谐表现的原则，由表现想象的诗变成表现思想的散文了。浪漫型艺术就是解体的艺术。艺术最终要被没有感性束缚的宗教和哲学代替。

黑格尔认为，艺术并不是一种单纯的娱乐、效用或游戏的勾当，而是要把精神从有限世界的内容和形式的束缚中解放出来，要使绝对真理显现和寄托于感性现象，总之，要展现真理……这种真理的展现可以形成世界史的最美好的方面，也可以提供最珍贵的报酬，来酬劳追求真理的辛勤劳动。

"我们的宗教和理性文化，就已达到了一个更高的阶段。"哲学是"绝对心灵的自由的思考"，哲学的繁荣是"绝对精神"胜利的象征，这时"绝对理念"就完全认识了自己，实现了自己，回复到意味着历史"终结"的纯粹的精神世界了。

# 第七章

# 19 世纪美学

## 叔本华的非理性美学

阿瑟·叔本华（1788～1860），德国哲学家。他被称作"悲观主义的哲学家"，但是罗素说："假若我们可以根据叔本华的生活来判断，可知他的论调也是不真诚的。"

阿瑟·叔本华1788年2月22日生于但泽（即今波兰的格但斯克），父亲是一个大银行家，相貌令人不敢恭维，且脾气也很暴躁，后自杀。其大部分遗产由叔本华继承，使这位未来的哲学家终生过着优裕的生活，叔本华死后财产都捐献给了慈善机构；他的母亲约翰娜·特洛西纳则聪明美丽，且富文学才华，外国语也说得很流利，后来成为歌德在魏玛圈子里的知名人物和著名的小说家。叔本华从小孤僻，傲慢，喜怒无常，并带点神经质。叔本华说："我的性格遗传自父亲，而我的智慧则遗传自母亲。"

1797年7月，阿瑟和父亲一起去巴黎和勒阿弗尔。他在那儿学习法语和法国文学。1799年8月，叔本华回到汉堡。叔本华根据父亲的意愿决定不上文科学校学习，决定将来不当学者。并在父亲的刻意安排下，进入

▲ 叔本华像

叔本华是新的生命哲学的先驱者，他从非理性方面来寻求哲学的新出路，提出了生存意志论。他对人间苦难很关注，被称为"悲观主义哲学家"。他所开启的非理性哲学对后世思想发展影响深远，而他的美学思想也是非理性的。

一所商业学校读书，以便将来能继承父业。1803 年 5 月 3 日他开始了一次旅行，周游了荷兰、英国、法国和奥地利，并开始学习经商。1805 年 4 月 20 日叔本华的父亲自杀。叔本华在他父亲去世后，因嫌恶商业生活的庸俗和世俗味道而脱离从商生活，踏上学术研究之路。1804 年 8 月 25 日结束在国外的旅行。1811 年 9 月，叔本华开始在柏林大学学习两年，约翰·戈行里布·费希特在大学执教。1814 年 5 月，叔本华和他母亲彻底决裂。叔本华离开魏玛，后在德里斯顿住了四年。

1819 年年初《作为意志和表象的世界》出版，从而奠定了他的哲学体系。他为这部悲观主义巨著做出了最乐观的预言："这部书不是为了转瞬即逝的年代而是为了全人类而写的，今后会成为其他上百本书的源泉和根据。"然而该书出版 10 年后，大部分是作为废纸售出的，极度失望的叔本华只好援引别人的话来暗示他的代表作，说这样的著作犹如一面镜子，"当一头蠢驴去照时，你不可能在镜子里看见天使"。

1819 年叔本华申请在柏林大学当哲学讲师。叔本华和黑格尔发生争执，他试图和黑格尔在讲台上一决高低，结果黑格尔的讲座常常爆满，而听他讲课的学生却从来没有超出过三个人。于是叔本华带着一种愤然的心情凄凉地离开了大学的讲坛。叔本华说："要么是我配不上我的时代，要么是这个时代配不上我。"

1831 年，叔本华因惧怕霍乱病而离开柏林。1833 年，叔本华定居在美茵河畔法兰克福，在那里埋头读书、写作和翻译，度过了最后寂寞的岁月。垂暮之年的叔本华过着十分孤独的生活，陪伴他的只有一条叫"世界灵魂"的卷毛狗。

1859 年，《作为意志和表象的世界》第三版受到空前的欢迎，他喜不自禁地说是"犹如火山爆发，全欧洲都知道这本书"。他在这一版的序言中对自己的哲学命运作了总结："当这本书第一版问世时，我才 30 岁；而我看到第三版时，却不能早于 72 岁。对于这一事实，我总算在彼得拉克的名句中找到了安慰；那句话是：'谁要是走了一整天，傍晚走到了，就该满足了。'我最后毕竟也走到了。在我一生的残年既看到了自己的影响开始发动，同时我又怀着这影响将合乎'流传久远和发迹迟晚成正比'这一古老规律的希望，我已心满意足了。"

1860 年 9 月 9 日叔本华得肺炎。1860 年 9 月 21 日，他起床洗完冷水浴之后，像往常一样独自坐着吃早餐，一切都是好好的，一小时之后，当佣人再次进来时，发现他已经倚靠在沙发的一角，永远睡着了。他的临终遗嘱是：希望爱好他的哲学的人能不偏不倚地、独立自主地理解他的哲学。

叔本华开创了唯意志主义、生命哲学流派，开启了非理性主义哲学。近代的思想家、文学家、艺术家如尼采、瓦格纳、托玛斯·曼等人，无不直接或间接地受到叔本华哲学的影响，尼采十分欣赏他的作品，曾作《作为教育家的叔本华》来纪念他。他说："我像一般热爱叔本华的读者一样，在读到最初一页时，便恨不得一口气把它全读完，并且我一直觉得，我是很热心注意倾听由他的嘴唇里吐出来的每一个词句。"瓦格纳也把歌剧《尼伯龙根的指环》献给叔本华。虽然他创作这部歌剧时，尚未读过叔本华的著作。国学大师王国维的思想亦深受叔本华的影响，在其著作《人间词话》中以消化吸收的叔本华理论评宋词，成就颇高。

▲ 约翰娜·叔本华

约翰娜是叔本华的母亲，丈夫去世后，她搬到了魏玛，在那里举办了一个文学沙龙，接待过歌德和格林兄弟等人。不过，叔本华与她的关系并不好。

## 作为意志和表象的世界

叔本华哲学是从德国古典理性主义向现代非理性主义过渡的最后一环。

叔本华说：至少我的哲学就根本不问世界的来由，不问为何有此世界，而只问这世界是什么。他说："一切一切，凡已属于和能属于这世界的一切，都无可避免地带有以主体为条件的，并且也仅仅只是为主体而存在。"那认识一切而不为任何事物所认识的，就是主体。因此，主体就是这世界的支柱，是一切现象、一切客体一贯的，经常作为前提的条件；原来凡是存在着的，就只是对于主体的存在。

"一切天生之物总起来就是我，在我之外任何其他东西都是不存在的。""他不认识什么太阳，也不认识什么地球，而永远只是眼睛，是眼睛看见太阳；永远只是手，是手感触着地球。"世界与人的关系是表象和表象者的关系。而表象的世界是"现象"的世界，在它之外还有一个世界即被作为"自在之物"的意志。

现象不可分离地伴随意志。这世界的一面自始至终是表象，正如另一面自始至终是意志。真正存在的东西只能是意志。意志是这世界的内在本质。意志是无处不在的：人有意志，动物有意志，植物也有意志。那一掷而飞入空中的石子如果有意识的话，将被认为它是由于自己的意志而飞行的。人的真正存在是意志。例如，人的牙齿、食道、肠的蠕动就是客体化的饥饿，生殖器就是客体化的性欲；人最根本的东西是情感和欲望，也就是意志，而且人的记忆、性格、智慧等等一切心理意识现象，甚至连人的肉体的活动，都是由意志所决定的。世界只是这个意志的一面镜子。人的两性关系、爱情、婚姻无非是实现生殖意志的工具，也是生命意志的工具。

意志自身在本质上是没有一切目的，一切止境的，它是一个无尽的追求。永远的变化，无尽的流动是属于意志的本质之显出的事。一切欲求皆出于需要，所以也就是出于缺乏，所以也就是出于痛苦。从愿望到满足又到新的愿望这一不停的过程，如果辗转快，就叫作幸福，慢，就叫作痛苦；如果限于停顿，那就表现为可怕的，使生命僵化为空虚无聊，表现为没有一定的对象，模糊无力的想望，表现为致命的苦闷——根据这一切，意志在有认识把它照亮的时候，总能知道它现在欲求什么、在这儿欲求什么；但绝不知道它根本欲求什么。每一个体活动都有一个目的，而整个的总欲求却没有目的。

叔本华曾引用普卢塔克的话：人生既充满如许苦难和烦恼，那么人们就只有借纠正思想而超脱烦恼，否则就只有离开人世了。人们已经看清楚，困苦、忧伤并不直接而必然地来自"无所有"，而是因为"欲有所有"而仍"不得有"才产生的；所以这"欲有所有"才是"无所有"成为困苦而产生伤痛唯一必需的条件。导致痛苦的不是贫穷，而是贪欲。

莎士比亚说：我们渺小的一生，睡一大觉就圆满了。而叔本华认为人生与梦都是同一本书的页面，依次连贯阅读就叫作现实生活。或者干脆地说：人生是一场大梦。人的最大罪恶就是：他诞生了。解脱之道，一是佛教的涅槃，二是哲学和道德，三是艺术，在艺术直观中

▲叔本华认为，借助艺术尤其是音乐，人类可以从痛苦中解脱出来，音乐是抽象的，能使人获得超越时空的体验。阿德里安范·奥斯塔德的这幅《乡村音乐会》（1638年）就表达了音乐能够给人快乐的主题。

达到"自失"境界。因为，理性使我们失去对直觉的敏感，使我们与具体事物脱节。所以，要审美直观。审美是暂时摆脱痛苦的途径之一。

叔本华的主要美学范畴——媚美、优美、壮美——都是相对于意志而言的。叔本华认为审美是纯粹的观审，是在直观中浸没，是在客体中自失，是一切个体性的忘怀。

"由于生命的自在本身，意志，生存自身就是不息的痛苦，一面可哀，一面又可怕，然而，如果这一切只是作为表象，在纯粹直观之下或是由艺术复制出来，脱离了痛苦，则又给我们演出一出富有意味的戏剧。"而这些都离不开认识，而认识总是服服帖帖为意志服务的，认识也是为这种服务而产生的；认识是为意志长出来的，有如头部是为躯干而长出来的一样。在动物，认识为意志服务，是取消不了的。在人类，停止认识为意志服务也仅是作为例外出现的。要么为自己获致理性，要么就是安排一条自缢的绞索。因为在认识一经出现时，情欲就引退。所以能暂时摆脱痛苦。这种只能当作例

外看的过渡，是在认识挣脱了它为意志服务的关系时，突然发生的。这正是由于主体已不再仅仅是个体的，而已是认识的纯粹而不带意志的主体了。这种主体已不再根据诸形态来推敲那些关系了，而是栖息于、浸沉于眼前对象的亲切观审中，超然于该对象和任何其他对象的关系之外。如果人们由于精神之力而被提高了，放弃了对事物的习惯看法，不再根据诸形态的线索去追究事物的相互关系——这些事物的最后目的总是对自己意志的关系——即是说人们在事物上考察的已不再是"何处"、"何时"、"何以"、"何用"，而仅仅只是"什么"，也不是让抽象的思维、理性的概念盘踞着意识，而代替这一切的却是把人的全副精神能力献给直观，浸沉于直观，并使全部意识为宁静地观审恰在眼前的自然对象所充满，不管这对象是风景，是树木，是岩石，是建筑物或其他什么。人在这时，按一句有意味的德国成语来说，就是人们自失于对象之中了，也即是说人们忘记了他的个体，忘记了他的意志；他也仅仅只是作为纯粹的主体，作为客体的镜子而存在；好像仅仅只有对象的存在而没有觉知这对象的人了，所以人们也不能再把直观者其人和直观本身分开来了，而是两者已经合一了；这同时即是整个意识完全为一个单一的直观景象所充满、所占据。所以，如果客体是以这种方式走出了它对自身以外任何事物的一切关系，主体也摆脱了对意志的一

▲ 失乐园　意大利　马萨乔

这幅画集中体现了马萨乔的艺术风格与追求，画中夏娃紧闭双眼、号啕大哭，亚当则双手蒙面啜泣。离开乐园的恐惧、绝望和悲恸情感被表现得淋漓尽致、恰到好处。作品传达的痛苦情绪使画面充满了悲剧性气氛。这也许是叔本华认为"生存自身就是不息的痛苦"的原因。

切关系，那么，主体所认识的就不再是如此这般的个别事物，而是理念，是永恒的形式，是意志在这一级别上的直接客体性。并且正是由于这一点，置身于这一直观中的同时也不再是个体的人了，因为个体的人已自失于这种直观之中了。他已是认识的主体，纯粹的、无意志的、无痛苦的、无时间的主体。这也就是在斯宾诺莎写下"只要是在永恒的典型下理解事物，则精神是永恒的"这句话时，浮现于他眼前的东西。只有在上述的那种方式中，一个认识着的个体已升为"认识"的纯粹主体，而被考察的客体也正因此而升为理念了，这时，作为表象的世界才能完美而纯粹地出现……因为谁要是按上述方式而使自己沉浸于对自然的直观中，把自己都遗忘到了这种地步，以致他也仅仅只是作为纯粹认识着的主体而存在，那么，他也就会由此直接体会到他作为这样的主体，乃是世界及一切客观的实际存在的条件，从而也是这一切一切的支柱，因为这种客观的实际存在已表明它自己是有赖于他的实际存在的了。所以他是把大自然摄入他自身之内了，从而他觉得大自然不过只是他的本质的偶然属性而已。在这种意义之下拜伦说：

> 难道群山、波涛，和诸天
> 不是我的一部分，不是我
> 心灵的一部分，
> 正如我是它们的一部分吗？

在认识甩掉了为意志服务的枷锁时，在注意力不再集中于欲求的动机，而是离开事物对意志的关系而把握事物时，所以也即是不关利害，没有主观性，纯粹客观地观察事物，只就它们是赤裸裸的表象而不是就它们是动机来看而完全委心于它们时；那么，在欲求的那第一条道路上永远寻求而又永远不可得的安宁就会在转眼之间自动地光临而我们也就得到十足的怡悦了。这就是没有痛苦的心境，伊壁鸠鲁誉之为最高的善，为神的心境，原来我们在这样的瞬间已摆脱了可耻的意志之驱使，我们为得免于欲求强加于我们的劳役而庆祝假日，这时伊克希翁的风火轮停止转动了……这样，人们或是从狱

▲ 拜伦像

室中，或是从王宫中观看日落，就没有什么区别了。

只要摆脱了为意志服务的奴役就会转入纯粹认识的状况。所以一个为情欲或是为贫困和忧虑所折磨的人，只要放怀一览大自然，也会这样突然地重新获得力量，又鼓舞起来而挺直了脊梁；这时情欲的狂澜，愿望和恐惧的迫促，由于欲求而产生的一切痛苦都立即在一种奇妙的方式之下平息下去了。原来我们在那一瞬间已摆脱了欲求而委心于纯粹无意志的认识，我们就好像进入了另一世界，在那儿，日常推动我们的意志因而强烈地震撼我们的东西都不存在了。认识这样获得自由，正和睡眠与梦一样。能完全把我们从上述一切解放出来，幸与不幸都消逝了。我们已不再是那个体的人，而只是认识的纯粹主体，个体的人已被遗忘了。

我们只是作为那一世界眼而存在，一切有认识作用的生物固然都有此眼，但是唯有在人这只眼才能够完全从意志的驱使中解放出来。由于这一解放，个性的一切区别就完全消失了，以致这只观审的眼属于一个有权势的国王也好，属于一个被折磨的乞丐也罢，都不相干而是同一回事了。这因为幸福和痛苦都不会在我们越过那条界线时一同被带到这边来。

## 尼采与《悲剧的诞生》

弗里德里希·威廉·尼采（1844 ~ 1900），德国哲学家。罗素说：尼采虽然是个教授，却是文艺性的哲学家，不算学院哲学家。

1844 年 10 月 15 日，一个男孩诞生在普鲁士萨克森州的洛肯镇路德教派的牧师家中，这天正好是普鲁士国王弗里德里希·威廉四世 49 岁生日，这个男孩因此取名为威廉·弗里德里希·尼采。他的母亲有波兰贵族的血统，这一直是尼采引以为豪的事情。

　　由于父亲在尼采4岁的时候去世，这个性情孤僻，而且多愁善感，身体纤弱的男孩成为家中唯一一个男人，与母亲、奶奶、两个姑姑和妹妹伊丽莎白住在一起。伊丽莎白是青少年尼采重要的精神伴侣，但当尼采真正进入到精神探索的领域后，她就无法理解尼采的思想精髓了。这种精神上的距离甚至使尼采拒绝出席她的婚礼。

　　在尼采死后出版的自传中，尼采说："从现在起直到死的那天，我的工作是：不要让这些笔记落入我妹妹手中，她最能证明马太所说的那句话：观其行，知其人。"尼采甚至认为，伊丽莎白是"雨果笔下美丽的魔鬼"。但伊丽莎白却固执地认为自己是尼采的真正知音，并力图成为他的发言人。在1888年尼采精神崩溃后，她终于如愿以偿地获得了这个身份。

　　在姑姑正规的宗教教育下，小时候的尼采是个虔诚的教徒，但是成年的尼采没有继承父志而从事宗教事业，尼采却借查拉图斯特拉之口，高喊"上帝死了"，一语概括了基督教欧洲文明的危机，昭示着虚无主义的来临，将整个西方思想界震得摇摇欲坠。

　　小时候的尼采就显露出对音乐的爱好，尼采说："如果没有音乐，生活对于我将是一种错误。"1864年，尼采入波恩大学，修习神学与古典文献学后转入莱比锡大学跟从当时的比较语言学巨擘李希尔学习。

　　1865年10月，尼采在房东的旧书店中看到了叔本华的著作《作为意志与表象的世界》：

▲ 尼采故居

1879年到1889年这10年里，尼采由于健康状况持续恶化，辞去公职开始独处，他住过瑞士的寄宿公寓、法国的里维埃拉和意大利，一直埋头创作，只与少数几个人来往。他的多部作品就是这期间创作的，如《查拉图斯特拉如是说》、《偶像朦胧》、《反对基督者》等等。

▲ 尼采像

尼采是最有影响的现代思想家之一，他多次试图揭示对一代代神学家、哲学家、心理学家、诗人、小说家和剧作家有着深刻影响的支撑传统的西方宗教、道德和哲学的根本动机。

▲ 露·莎乐美

1873 年，尼采与哲学家保罗·雷相识，并成为好友。后来，雷把尼采介绍给莎乐美，由此产生了复杂的三角关系，从而削弱了雷与尼采的友情。

"书里的每一行都发出了超越、否定与超然的呼声。我看见了一面极为深刻地反映了整个世界、生活和我内心的镜子。"正是叔本华和后来结识的音乐家瓦格纳，使得尼采认为音乐是意志的直接体现。

1869 年 25 岁的尼采未进行论文答辩，即被李希尔推荐至巴塞尔大学担任古典文献学的额外教授。该年 4 月，他脱离普鲁士国籍，成为瑞士人。5 月 28 日在巴塞尔大学发表就任讲演，讲题为"荷马与古典文学"。尼采主张：学者必须接受艺术家的观点来阐释经典。1870 年，升为正教授。

1872 年，尼采出版了《悲剧的诞生》，在这部著作中，尼采用艺术家的眼光来考察科学，又用人生的眼光考察艺术！1876 年他健康状况开始恶化，此后的岁月中一直时断时续地受精神分裂症的折磨。1879 年，尼采辞去了巴塞尔大学的教职，开始了十年的漫游生涯，同时也进入了创作的黄金时期。

1889 年，在都灵大街上，尼采突然倒下，就在这瞬间，一个马夫赶着一辆马车正好经过，他抱着一匹被鞭打的马，放声痛哭："我可怜的兄弟呀，你为什么这样的受苦受难！"1900 年 8 月 25 日，这位"超人"在魏玛逝世，死后葬在故乡洛肯镇父母的墓旁。

"我愿这样死去，使你们因我而更爱大地；我愿成为泥土，使我在生育我的大地上得到安息。"

尼采是矛盾的。他从小生活在女性的温柔中，曾对自己中意的女人炙热地爱恋过，然而他永远不厌其烦地痛骂妇女。在他的著作《查拉图斯特拉如是说》里，他说妇女现在还不能谈友谊；她们仍旧是猫，或是鸟，或者大不了是母牛。"男人应当训练来战争，女人应当训练来供战士娱乐。其余一概是愚蠢。"如果我们可以信赖在这个问题上他的最有力的警句："你去女人那里吗？别忘了你的鞭子。"他认为女人有那么多可羞耻的理由；女人是那么迂阔、浅薄、村夫子气、琐屑的骄矜、放肆不驯、隐蔽的轻率……迄今实在是因为对男人的恐惧才把这些约束控制得极好。尼采终生未娶。罗素说："别忘了你的鞭子——但是十个妇女有九个要除掉他的鞭子，他知道这点，所以他躲开了妇女，而用冷言恶语来抚慰他的受创伤的虚荣心。"

## 审美人生

尼采喊出"上帝死了"，否定了传统的基督教价值观，因为："上帝这个概念是作为与生命相对立的概念而发明的"，是对人生命的否定；他要"重估一切价值的价值"，讴歌生命意志，把生命从奴性的快乐中解放出来，用权力意志来为这个世界重新确定价值尺度。而《悲剧的诞生》是他"第一个一切价值的重估"。

尼采的整个思想体系正如乌苏拉·施耐德在《尼采幸福哲学的基本特点》中所说："尼采的哲学道路是由把世界理解为一种痛苦的解释，由对这样一个痛苦世界的正当性的探讨以及如何摆脱这个痛苦世界，即对'永恒化'和'世界美化'的探索所规定的。一再被强调而且当然强调得很有道理的基本思想——上帝死了、超人、末人、强力意志、

▲ 《查拉图斯特拉如是说》封面

这本书被公认为以《圣经》故事体形式所写的文学和哲学杰作，尼采本人评价此书说："纵然把每个伟大心灵的精力和优点集合起来，也不能创作出《查拉图斯特拉如是说》的一个篇章。"

永恒轮回——仅仅标志着上述探讨世界及其拯救的道路的各个阶段。"

尼采认为叔本华根本误解了意志（他似乎认为渴望、本能、欲望就是意志的根本），叔本华认为意志是痛苦的根源；而尼采要用他创造的权力意志去反抗生活的痛苦，创造新的价值和欢乐："凡是有生命的地方便有意志，但不是生命意志，而是——我这样教给你——权力意志。权力意志是永不耗竭的创造的生命意志……这个世界就是权力意志，此外一切皆无，你们自身也是权力意志，此外一切皆无。"权力意志是否定的，否定以往的价值：所谓的真与善不过是谎言与伪善。权力意志又是肯定的，它要划定界限，确定尺度和价值。权力是权力意志的内核和本性。权力意志是永恒的创造与生成，是一种日神与酒神的狂欢与陶醉。酒神是生命的狂欢者与沉醉者，他是一个欢乐之神，给人们带来食物，让人们狂欢。

尼采的《悲剧的诞生》所要说明的问题是：悲剧起源于生命崇拜，源于酒神、音乐与歌舞，源于一种古老的希腊宗教仪式。尼采说："只有作为一种审美现象，人生和世界才显得是有充足理由的。在这个意义上，悲剧神话恰好要使我们相信，甚至丑与不和谐也是意志在其永远洋溢的快乐中借以自娱的一种审美游戏。"也就是说，通过权力意志的审美游戏，把我们从痛苦中解脱出来，给本无意义的世界和人生创造出意义。"肯定生命，哪怕是在它最异样最艰难的问题上；生命意志在其最高贵型的牺牲中，为自身的不可穷竭而欢欣鼓舞。"尼采认为："没有什么是美的，只有人是美的：在这一简单的真理上建立了全部美学，它是美学的第一真理。我们立刻补上美学的第二真理：没有什么比衰退的人更丑了——审美判断的领域就此被限定了。从生理学上看，一切丑都使人衰弱悲苦。"

尼采认为，艺术是生命的伟大兴奋剂。艺术，除了艺术别无他物，而且艺术是生命的最高使命与真正的形而上活动。一切美的艺术都是生命的自我肯定、自我颂扬。一切艺术都有健身作用，可以增添力量，燃起欲火，激起对醉的全部微妙的回忆。因而，艺术是对人自己生命本能和强力感的激发和肯定。

艺术源于人的两种至深本能，这就是尼采美学的两个核心概念：日神精神、酒神精神。尼采说："日神的，酒神的。有两种状态，艺术本身表现于其中，就像自然力表现于人之中一样……这两种状态也表现在正常生活中，只是弱些罢了；梦境和醉意……梦境释放的是想象力、联系力、诗之力，醉意释放出的是言谈举止之力：激情之力、歌舞之力。"艺术家创造出丰富多彩、绚丽无比的世界，雕塑、史诗以及一切叙述文体的艺术就是日神艺术。酒神艺术不是以美见长的日神式造型艺术或史诗，而是音乐。

日神是理性的象征，酒神是非理性的象征。日神和酒神分别象征着宇宙、自然、人类的两种原始的本能，一种是迫使人驱向幻觉的本能，一种是迫使人驱向放纵的本能，这两种本能表现在自然的生理现象上就是"梦"和"醉"，而在审美和艺术领域则表现为迫使艺术家进行艺术创作的两种艺术力量或艺术冲动，它们是产生一切艺术的原动力。酒神精神作为艺术冲动是自然的、本能的、非理性的。尼采认为："艺术家们，倘若他们有些成就，都一定是强壮的（肉体上也如此），精力过剩，像充满力量的野兽……在他们

▲尼采提出，每个人都应该充分认识到自己的潜能和"权力意志"，"权力意志"不仅体现在文化政治活动中，而且体现在战争中，拿破仑就是一个强烈认识到自身"权力意志"的人。图为拿破仑的军队在五月广场向他宣誓效忠。

的生命中必须有一种朝气和春意，有一种惯常的醉意。"

尼采说："酒神艺术也要使我们相信生存的永恒乐趣，不过我们不应在现象之中，而应在现象背后，寻找这种乐趣。我们应当认识到，存在的一切必须准备着异常痛苦的衰亡，我们被迫正视个体生存的恐怖——但是终究用不着吓瘫，一种形而上的慰藉使我们暂时逃脱世态变迁的纷扰。我们在短促的瞬间真的成为原始生灵本身，感觉到它的不可遏止的生存欲望和生存快乐。现在我们觉得，既然无数竞相生存的生命形态如此过剩，世界意志如此过分多产，斗争、痛苦、现象的毁灭就是不可避免的。正当我们仿佛与原始的生存狂喜合为一体，正当我们在酒神陶醉中期待这种喜悦常驻不衰，在同一瞬间，我们会被痛苦的利刺刺中。纵使有恐惧和怜悯之情，我们仍是幸运的生者，不是作为个体，而是众生一体，我们与它的生殖欢乐紧密相连。

酒神精神被尼采视为生命意志的最高表现方式，是对生命的最高肯定方式。日神与酒神的醉最终合而为一，于是诞生了悲剧。尼采把悲剧看作艺术的最高样式。尼采认为悲剧具有"形而上的慰藉"功能：悲剧具有"激发、净化、释放全民族生机的伟大力量"。

正如尼采自己所说："我的时代尚未到来，有些人要死后才生。"他影响其身后的很多思想家和文学家，但是也被希特勒奉为精神知己，希特勒曾亲自拜谒过尼采之墓，并把《尼采全集》当作寿礼送给另一位大独裁者墨索里尼，尼采的一句格言为希特勒终生恪守："强人的格言，别理会！让他们去唏嘘！夺取吧！我请你只管夺取！"据说，在第一次世界大战期间，德国士兵的背包中有两本书是最常见的，一本是《圣经》，另一本是尼采的《查拉图斯特拉如是说》。

# 一个天才的发现

## ——美是生活

尼古拉·加夫里洛维奇·车尔尼雪夫斯基（1828～1889），俄国唯物主义哲学家、文学评论家、作家、革命民主主义者。

普列汉诺夫曾把他比喻为希腊神话中盗天火予人间的英雄，称他为"俄国文学中的普罗米修斯"。

车尔尼雪夫斯基于 1828 年 7 月 24 日出生在伏尔加河边美丽的萨拉托夫城。这座城市名称是鞑靼语"黄色的山脉"的意思。他的父亲是一个有学问的牧师，家里有很多藏书。1842 年进入萨拉托夫正教中学。16 岁时，车尔尼雪夫斯基已经通晓 7 种外国语，大量阅读了俄国民主主义者别林斯基和赫尔岑的文章。

1846 年 5 月，他考入彼得堡大学历史语文系。在大学读书的几年中，勤奋的车尔尼雪夫斯基被老师和同学戏谑地称为"伏尔加河边的读书迷"。

▲曾关押车尔尼雪夫斯基的彼得堡保罗要塞。

车尔尼雪夫斯基最喜欢俄国大诗人普希金和莱蒙托夫的诗，喜欢英国作家狄更斯和法国女作家乔治·桑的小说。1850 年，他大学毕业，次年重返萨拉托夫，在中学教授语文，宣传进步思想。1853 年，他同本地医生的女儿华西利耶娃结婚，同年迁居圣彼得堡，想在大学里当教授。他一边在中学教书，一边着手写作硕士学位论文《艺术对现实的审美关系》。这篇著名的美学论文 1855 年 5 月发表在《现代人》杂志上。

《艺术对现实的审美关系》这篇论文向黑格尔的唯心主义美学进行了大胆的挑战，提出"美是生活"的定义。重返彼得堡后，他就开始为《祖国纪事》杂志撰稿，后又应涅克拉索夫的邀请到《现代人》杂志编辑部工作。《现代人》杂志成了传播革命思想的论坛，揭露"农奴解放"的骗局，号召农民起义。1862 年席卷全俄的农民起义遭到镇压，同年 6 月《现代人》被勒令停刊 8 个月。作为俄罗斯公认的革命领袖和导师，车尔尼雪夫斯基遭到反动派的敌视和仇恨，7月7日他被捕，关进彼得堡保罗要塞单身牢房。

彼得堡保罗要塞是1703年彼得大帝下令建造的，后来的沙皇政府就把它变成了一座政治监狱。在狱中，他以惊人的勇敢和顽强的毅力继续革命的写作活动。在被关押的678天里，他完成长篇小说《怎么办》。这部作品不仅被19世纪60年代的俄国青年奉为"生活的教科书"，而且被后世誉为"代代相传的书"，列宁热情赞扬"这种作品能使人一辈子精神饱满"。"在它的影响下，成百成千的人变成了革命家"。这部作品是19世纪俄罗斯的古典主义杰作之一。

在他被拘留两年后，沙皇政府采取伪证方法，强行判处他7年苦役，剥夺一切财产，终身流放西伯利亚。1864年5月19日，在彼得堡的拉特宁广场上进行了侮辱性的褫夺公民权的假死刑仪式。车尔尼雪夫斯基被捆在"耻辱柱"上，胸前挂着写有"国事犯"字样的牌子，刽子手在他的头顶上把长剑折成两段。这时，天下起了大雨。一位少女把一束鲜花抛给了车尔尼雪夫斯基，她也因此而被逮捕。随后，车尔尼雪夫斯基被押上马车，送往西伯利亚。马车夫跟车尔尼雪夫斯基告别时说："谁拥护人民，他就被流放到西伯利亚去，这一点我们早就知道。"虽然要忍受20多年的流放生活，但是这位俄国革命家会因为有着这样的人民而感到终生的幸福。

他先是被流放到伊尔库茨克盐场服苦役，然后被转送到卡达亚矿山。两年后，又被押到亚历山大工场。七年苦役期满后，又延长其苦役期，转押到荒无人烟的亚库特和维留伊斯克。维留伊斯克这座城市靠近北极圈，是个雅库特人的村庄，周围是荒无人烟的原始森林，每年只有冬季的四个月才可以乘爬犁通行。整座城堡监狱只有车尔尼雪夫斯基一个犯人，由警察局长亲自负责看守。七名警察将他们一半的精力都放在了这个沙皇亲自关注的要犯身上。在西伯利亚流放20多年后，1889年6月，车尔尼雪夫斯基才得到许可回到故乡萨拉托夫。四个多月后，1889年10月29日，这位伟大的作家因脑溢血离开了人世。

### 美是生活

列宁称赞车尔尼雪夫斯基"从 50 年代起直到 1888 年，始终保持着完整的哲学唯物主义的水平"。车尔尼雪夫斯基美学有着鲜明的时代性、阶级性。他在别林斯基的批判现实主义传统的影响下，在著名的美学著作《艺术与现实主义美学的关系》中对黑格尔的"美是理念的感性显现"进行了批判，提出"美是生活"。这本书在美学界已成为一部家喻户晓的书，被苏联当作是文艺理论方面的"圣经"。

在世界美学史上，车尔尼雪夫斯基第一个提出了"美是生活"的崭新定义，普列汉诺夫称"美是生活"是一个天才的发现。美是生活是车尔尼雪夫斯基美学的核心内容。"美是生活"这个定义包括三个层面：一，美是生活；

▲ 五月斋与谢肉节　尼德兰　勃鲁盖尔

"任何东西，凡是显示出生活或使我们想起生活的，那就是美的。"在《五月斋与谢肉节》一画中，勃鲁盖尔充分发挥他的想象力，表现了市民的节日习惯、娱乐的丰富多彩。为了扩大空间，画家选择了高视点，略微提高了地平线。在这个空间里有着许许多多活跃的人物和各种不同的风俗场面。勃鲁盖尔的艺术语言既宏伟壮丽，又简洁朴实。这幅画色彩绚丽而富有变化，整幅画因使用散点光源很少画物投影而显得干净清晰。作品展现了城市生活与农村生活不一样的美。

二，任何事物，凡是我们在那里面看得见依照我们的理解应当如此的生活，那就是美的；三，任何东西，凡是显示出生活或使我们想起生活的，那就是美的。这三个层面是一个有机的整体。因为"生活"在俄语中兼有"生命"和"生活"两种意思，车尔尼雪夫斯基在使用中没有区分。

我们先看看车尔尼雪夫斯基在其著作《艺术与现实主义美学的关系》中所说：

在人觉得可爱的一切东西中最有一般性的，他觉得世界上最可爱的，就是生活；首先是他所愿意过、他所喜欢的那种生活；其次是任何一种生活，因为活着到底比不活好：但凡活的东西在本性上就恐惧死亡，恐惧不存在，而爱生活。所以，这样一个定义：

"美是生活；任何事物，凡是我们在那里面看得见依照我们的理解就当如此的生活，那就是美的；任何东西，凡是显示出生活或使我们想起生活的，那就是美的。"

在普通人看来，"美好的生活"、"应当如此的生活"就是吃得饱，住得好，睡眠充足；但是在农民，"生活"这个概念同时总是包括劳动的概念在内：生活而不劳动是不可能的，而且也是叫人烦闷的。辛勤劳动、却不致令人精疲力竭那样一种富足生活的结果，使青年农民或农家少女都有非常鲜嫩红润的面色——这照普通人的理解，就是美的第一个条件……民歌中关于美人的描写，没有一个美的特征不是表现着旺盛的健康和均衡的体格，而这永远是生活富足而又经常地、认真地但并不过度地劳动的结果。丰衣足食而又辛勤劳动，因此农家少女体格强壮，长得很结实——这也是乡下美人的必要条件，"弱不禁风"的上流社会美人在乡下人看来是断然不漂亮的，甚至给其不愉快的印象，因为他们一向认为"消瘦"不是疾病就是"苦命"的结果。上流的美人就完全不同了：她的历代祖先都是不靠双手劳动而生活过来的；由于无所事事的生活，血液很少流到四肢去；手足的筋肉一代弱似一代，骨骼也愈来愈小；而其必然的结果是纤细的手足——社会的上层阶级觉得唯一值得过的生活，即没有体力劳动的生活的标志；假如上流社会妇女大手大脚，这不是她长得不好就是她并非出自名门望族的标志。

可爱的是鲜艳的容颜，

青春时期的标志；

但是苍白的面色，忧郁的征状，

却更为可爱。

如果说对苍白的、病态的美人的倾慕是虚矫的、颓废的趣味的标志，那么每个真正有教养的人就都感觉到真正的生活是思想和心灵的生活。这样的生活在面部表情，特别是眼睛上留下了烙印，所以在民歌里歌咏得很少的面部表情，在流行于有教养的人们中间的美的概念里却有重大的意义；往往一个人只因为有一双美丽的、富于表情的眼睛而在我们看来就是美的。

而且，所有那些属性都只是因为我们在那里面看见了如我们所了解的那种生活的显现，这才给予我们美的印象。美是生活，首先是使我们想起人以及人类生活的那种生活。

从"美是生活"这个定义却可以推论：真正的最高的美正是人在现实世界中所遇到的美，而不是艺术所创造的美；根据这种对现实中的美的看法，艺术的起源就要得到完全不同的解释了；从而对艺术的重要性也要用完全不同的眼光去看待了。也就是说那在本质上就是美的东西，而不是因为美丽地被表现在艺术中所以才美的东西；美的事物和现象，而不是它们在艺术作品中美的表现。

▲ 少女与桃　俄罗斯　谢洛夫

真正的美是在现实世界中所遇到的美。《少女与桃》是谢洛夫青年时期的作品，此画是谢洛夫在河勒拉姆采沃马蒙托夫庄园画成的，画中的少女就是马蒙托夫的女儿薇拉。这幅油画显示了他非凡的艺术才能，画中少女充满了阳光和青春活力，艺术表现手法完美无缺。这个美丽天真的少女让人感受到生活的美好，人生的美好。

总之，"在我们的概念中，主要的是生活。就审美范围而言，别人把生活了解为仅仅是理念的表现，而我们却认为生活就是美的本质。"

列宁说："尽管他具有空想社会主义的思想，但是他还是一个资本主义的异常深刻的批评家。"他提出的"美就是生活"的著名论断，是对截至黑格尔以前的唯心主义美学一次前所未有的挑战。

他把唯物主义的认识论"尊重现实生活，不信先验的假设"应用到了艺术范围，表现了革命的唯物主义倾向。我们看到他把美和劳动联系到一起。对于文艺的功能，车尔尼雪夫斯基认为艺术要成为"生活的教科书"。文艺作为阶级斗争的武器，推进社会发展。

列宁还说，车尔尼雪夫斯基的人本主义哲学只是关于唯物主义的不确切的肤浅的表述。

## 实验美学和移情美学的创立和发展

审美心理学，也叫文艺心理学，是研究作为文艺活动主体的审美体验与审美活动。从心理角度分析人类的审美体验与文艺活动，西方最早可以推溯到古希腊时期。毕达哥拉斯认为具有"旁观"这样一种心理状态，才能获得审美愉悦。柏拉图把"迷狂说"引入到审美领域。亚里士多德提出了著名的"净化说"。

17~18世纪的英国经验派美学是最早运用心理学来研究审美现象的学派，他们把想象、情感和美感的研究提到首位，出现了夏夫兹伯里的"内在感官说"和休谟的"同情说"。德国古典美学中对想象力给予高度的赞扬。

19世纪后半叶，西方心理学脱离哲学形成为一门独立的学科后，为现代审美心理学的建立和发展奠定了基础。这期间出现了费希纳的实验美学和李普斯的"移情说"，布洛赫提出的"心理距离说"，谷鲁斯的"内模仿说"以及闵斯特堡的"孤立说"。这些现代西方心理学美学早期流派的重要成果主要探讨的是人类审美体验中的心理特征，重视对主体心理功能的研究，重视情感、想象等非理性因素在艺术创造和审美活动中的作用。

实验心理学派运用心理学实验方法研究美学和艺术经验，把美学和自然科学结合起来，研究对象从客体转向主体，从美的本质的寻觅转向主体审美经验的研究。对审美主体的研究从一般的艺术想象、构思转向审美心理、生理的研究，这标志着古典美学向着现代美学的转变。

古斯塔夫·西奥多·费希纳（1801~1887），德国哲学家、物理学家、心理物理学的主要创建者、实验心理学和美学的奠基者之一；其将自然科学的方法引入心理学，乃心理学方法上的一大突破，并为冯特的实验心理学奠定了基础。

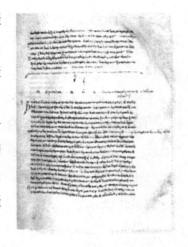

▲ 柏拉图手稿

柏拉图的"迷狂说"对文艺心理学产生了深远影响。

1801 年 4 月 19 日，费希纳出生于德国东南部的一个村庄里。他父亲是村里的牧师。这位牧师把宗教信仰与坚定不移的科学观结合了起来，正如他的儿子一样——为了论证泛灵论，他一生致力于寻求一种科学方法，借以使具有精神与物质两个方面的世界统一于灵魂之中。使村里人大惑不解的是他父亲用上帝的语言布道，却在教堂的尖顶上安装了一根避雷针，在当时的情况下，这份小心谨慎是对上帝信心不足的表现。费希纳 5 岁丧父，自幼在其叔父家长大。1817 年，费希纳进入莱比锡大学学医，1822 年在该校毕业，获医学博士学位，并在莱比锡度过一生。1887 年 11 月 18 日卒于莱比锡。

费希纳用一种富有诗意的神秘眼光考察世界，认为凡物有组织即有生命，有生命即有灵魂。完成医学学习后，费希纳便在莱比锡开始他的第二事业，即研究数学和物理学。1824 年他已经在莱比锡大学开始讲授物理学，从事他自己的研究。那个时期他把法文的物理学和化学手册译成德文。至1830 年他已翻译了 12 册以上的书。

他于 1833 年结婚，并于 1834 年获得莱比锡大学全职教授职位。这个时期他逐渐对感觉问题发生兴趣。为了研究后象，要透过有色玻璃看太阳，这使他的眼睛受到严重伤害，几乎失明，他在暗室里让自己避光，忍受着疼痛、情感压抑、无法排遣的无聊和严重的消化道疾病的折磨。三年中除了他的妻子外，断绝和任何人的往来，他把自己的房子漆成黑色，白天黑夜待在里面，什么人也不见。他患了神经衰弱症，并产生了自杀的念头。他后来评述这一时期的生活："我无法入睡，身心疲劳，不能思想，甚至让我失去了对人生的信心。"

1839 年他辞去物理学讲席。1844 年他从大学得到一小笔补助金，就此被认为是不能再从事工作的人。但后来的事实并非如此，正如著名心理学史家舒尔茨曾指出："在费希纳一生的后四十四年中，他没有一年不做出重要贡献。"

费希纳后来又恢复健康，似乎也是一个奇迹。最终，他自己慢慢好起来了，过了一阵子后，他就可以看见东西而且眼睛不疼，还能与人讲话。他在好几个月的时间里第一次到花园去散步时，花儿看上去更明亮，色彩更鲜艳，比以前更美丽："我毫不怀疑我已经发现了花朵的灵魂，并以我极奇怪的、受到魔力影响的情绪想到：这是躲藏在这个世界的隔板之后的花园。整个地球和它的球体本身只是这个花园周围的一道篱笆，是为了挡住仍然在外面等待着的人们。"这个时期为费希纳一生中的紧要关头，对于他的思想和后来的生活都有深刻的影响。

正是这个神秘的信仰使费希纳进行他那具有历史意义的实验心理学的。"没有费希纳……也许仍然会有一种实验心理学……可是，在实验体中，却不可能出现如此广泛的科学范畴，因为，如果测量不能成为科学的工具之一，则我们很难认为某个课题是符合科学的。因为他所做的事情和他做这些事情的时代，费希纳创立了实验计量心理学，并把这门学问从其原来的途径搬回来导入了正轨。人们也许可以称他为'实验心理学之父'，或者，人们也许会把这个称号送给冯特。这没有什么关系。费希纳种下了肥沃的思想之种，它生长起来，并带来了丰硕的成果。"

　　19 世纪初，康德曾预言，心理学绝不可能成为科学，因为它不可能通过实验测量心理过程。由于费希纳的成果，科学家才第一次能够测量精神。1850 年月 10 月 22 日的早晨，他躺在床上考虑如何向机械论者证明，意识和肉体是一个基本统一体的两个方面。心理学史家 D. 舒尔茨写道："1850 年 10 月 22 日早晨，心理学史上的一个重要日子，费希纳忽然领悟到心与身之间的联系法则可以用物质刺激与心理感觉之间的数量关系来说明。"

　　他第一次系统地探索物理和心理学王国之间的数量关系，因此命名为"心理物理学"。费希纳于 1860 年出版《心理物理学纲要》一书。该书被认为是对心理学的科学发展具有创造性的贡献之一。如波林论及费希纳的成败时曾说过："他攻击物质主义的铜墙铁壁，但又因测量了感觉而受到赞美。"

　　费希纳在 1876 年出版了他的《美学导论》。在书中，费希纳利用他的实验结果表示了对蔡辛的观点的支持——蔡辛是 19 世纪德国美学家，他认为 21:34 的比例，即黄金分割是一种标准的审美关系，是在整个自然界和艺术中占优势的比例。此后，黄金分割一度在美学中被认定为一种普遍的形式美原则。

　　20 世纪 70 年代以来，实验心理学对黄金分割是否是一种普遍有效的形式美规则，做了多次跨文化实验。被试对象包括欧洲居民和非欧洲居民，实验具有人类学意义。多次实验证明，无论在欧洲文化环境中，还是非欧洲文化环境中，黄金分割都不是具有审美优势的形式规则。心理学家艾森克指出："总而言之，黄金分割被证明并不是美学家或实验美学家的一个有效的支点。"

　　虽然费希纳被称为"实验心理学之父"，并且因创立了心理物理学而闻名于世，但是他本人倒是希望以哲学家的头衔留名于后世。

▲ 费希纳

德国实验心理学的奠基人之一，他的实验美学标志着古典美学向现代美学的转变。

　　费希纳所创立的实验美学就是运用心理学和物理学中定量分析法来测定某些刺激物所引起的人的审美感受。他宣称这个新的美学研究领域，不是像传统的形而上学美学那样从一般到特殊或自上而下，而是一种自下而上的美学，遵循的方法是"从特殊到一般"，就是采用实验的方法系统地研究和比较许多不同的人的美感经验。例如，测量人们常用的或喜欢用的东西的大小比例（常用物测量法）等等。这些简单的实验得出的某些结论是：人最不喜欢的图形是十分长的长方形和整整齐齐的四方形，而最喜欢的图形是比例接近黄金分割的长方形。

　　通过一系列实验和观察，费希纳总结出了13条心理美学规律。其中有一些曾在美学中发生广泛的影响。例如，"审美联想"律：一件事物所造成的审美印象可以分解为直接的和联想的两种因素，联想或回忆起的快乐或不快乐的东西，有可能与当前的印象一致，也可能不一致。

　　"审美对比"律：当两种在质的方面或量的方面不同，但又可能加以比较的事物一起或先后进入意识之中的时候，它们所产生的效果并不等于它们分别所产生的效果或总和。因为二者之间的对比会影响或改变这个总和。

　　"用力最小"律：审美快乐来自同所持目的相关精力的最小消耗，而不是来

▲ 格尔尼卡　西班牙　毕加索

此画是毕加索的代表作，采用半写实的象征性手法，用黑、白、灰三色渲染悲剧色彩，作品丰富的内涵使人产生不同的审美联想。

自精力自身的最大节省。

尽管实验美学有很大的局限性，但是费希纳所开创的实验美学引起了美学研究的重大变化，自然科学和心理科学中使用的方法日渐成了美学中的合法方法，"自下而上"的方法即对人们所共有的经验进行分析的方法，部分地或完全地代替了原先占统治地位的先验的哲学演绎方法。

自此以后，尽管"哲学美学"的名称仍然存在，但它已不是原来的意义，许多哲学思辨都已经注意在实验的或科学的基础上进行了。

移情现象是原始民族的形象思维中一个突出的现象，在语言、神话、宗教和艺术的起源里到处可见。

"移情说"诞生于19世纪的德国。"审美移情说"的概念是19世纪德国美学家劳伯特·费肖尔首先提出来的，尔后李普斯、谷鲁斯建立了完整而严密的审美移情学说。直到19世纪后半期移情说才在美学领域里取得了主导地位。

德国的心理学家、美学家李普斯把移情说提高到科学形态。有人把美学中的移情说比作生物学中的进化论，把李普斯比作达尔文。他被称为"慕尼黑现象学之父"。

李普斯以移情原理为中心，在他的《美学》一书中对审美经验作了系统的论述。他指出，美的价值是一种客观化的自我价值感，移情是审美欣赏的基本前提。他把移情分为四种类型：

一般的统觉移情，给普通对象的形式以生命，使线条转化成一种运动或伸延。我们说柳公权的字"劲拔"，赵孟頫的字"秀媚"，这都是把墨涂的痕迹看作有生气有性格的东西，都是把字在心中所引起的意象移到字的本身上面去。

经验的或自然的移情，使自然对象拟人化，如风在咆哮、树叶在低语。再如，古松的形象引起高风亮节的类似联想，"我"心中便隐约觉到高风亮节所需伴着的情感。因为"我"忘记古松和"我"是两件事，"我"就于无意之中把这种高风亮节的气概移置到古松上面去，仿佛古松原来就有这种性格。同时"我"又不知不觉地受古松的这种性格影响，自己也振作起来，模

▲ 神策军碑　唐　柳公权

此碑刻于唐会昌三年，立在唐神策左军驻地，故而拓本极少，为柳公权六十岁所书，书法劲健，笔画圆厚，为柳书中的最佳作品，行书完整，犹如墨迹。人们对柳公权书法的形容正是运用了李普斯"移情说"。

仿它那一副苍老劲拔的姿态。所以古松俨然变成一个人，人也俨然变成一棵古松。真正的美感经验都是如此，都要达到物我同一的境界，在物我同一的境界中，移情作用最容易发生，因为我们根本就不分辨所生的情感到底是属于"我"还是属于物的。

氛围移情，使色彩富于性格特征，使音乐富于表现力。观赏者在审美活动中总是把自己的情感渗透到审美对象中去，总是被艺术家描绘的情境所感染，这种渗透、感染也就是审美移情。例如，乐调自身本来只有高低、长短、急缓的分别，而不能有快乐和悲伤的分别。听者心中自起一种节奏和音乐的节奏相平行。听一曲高而缓的调子，内心也随之做一种高而缓的活动；听一曲低而急的调子，内心也随之做一种低而急的活动。这种高而缓或是低而急的活动，常蔓延浸润到全部心境，使它变成和高而缓的活动或是低而急的活动相同调，于是听者心中遂感觉一种欢欣鼓舞或是抑郁凄恻的情调。这种情调本来属于听者，在聚精会神之中，他把这种情调外射出去，于是音乐也就有快乐和悲伤的分别了。

生物感性表现的移情，把人们的外貌作为他们内心生命的表征，使人的音容笑貌充满意蕴。

李普斯指出，审美的享受不是对于对象的享用，而是自我享受，是在自身之内体验到的直接价值感。这种审美体验是产生于自我的，而与被感知到的形象相吻合。所以，它既不是自我本身，也不是对象本身，而是自我体验的对象形象，形象与自我是互相交融、互相渗透的。在这里享受的自我与观赏的对象是同一的，这是移情现象的基础。移情作用不一定就是美感经验，而美感经验却常含有移情作用。美感经验中的移情作用不单是由我及物的，同时也是由物及我的；它不仅把"我"的性格和情感移注于物，同时也把物的姿态吸收于"我"。

移情的现象可以称之为"宇宙的人情化"，因为有移情作用然后本来只有物理性的东西可具人情，本来无生气的东西可有生气。"移情作用"是把自己的情感移到外物身上去，仿佛觉得外物也有同样的情感。这是一个极普遍的经验。自己在欢喜时，大地山河都在扬眉带笑；自己在悲伤时，风云花鸟都在叹气凝愁。惜别时蜡烛可以垂泪，兴到时青山亦觉点头。柳絮有时"轻狂"，晚峰有时"清苦"。这种根据自己的经验来了解外物的心理活动通常叫作"移情作用"。

人所熟知的《庄子·秋水》篇里的一段故事就是典型的移情作用：庄子看到鲦鱼"出游从容"便觉得它乐，因为他自己对于"出游从容"的滋味是有经验的。鱼没有反省的意识，不能够像人一样"乐"，庄子拿"乐"字来形容鱼的心境，其实不过把他自己"乐"的心境外射到鱼的身上罢了。"我"

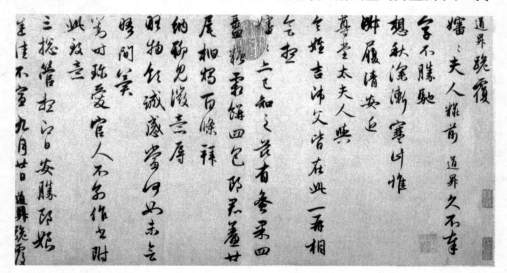

▲ 行书秋深帖　元　管道升

管道升，字仲姬，乃松雪之妻，夫妇和谐，乃才识交流，诗文笔翰，亦不让于松雪。此帖秀媚灵妙，劲健有力，足知笔力非凡，或以此为松雪代笔，细观其行文中，颇有松雪态度，但管氏自有书名，或可视为真迹。这件书法作品是"移情说"的又一例证。

知道旁人旁物的知觉和情感如何，都是拿自己的知觉和情感来比拟的。"我"只知道自己，"我"知道旁人旁物时是把旁人旁物看成自己，或是把自己推到旁人旁物的地位。人与人，人与物，都有共同之点，所以他们都有互相感通之点。

# 第八章

# 20世纪以来的美学

## 表现主义美学
### ——克罗齐的美学思想

"黑格尔美学是艺术死亡的悼词，它考察了艺术相继发生的形式并表明了这些艺术形式的发展阶段的全部完成，它把它们埋葬起来，而哲学为它们写下了碑文。"

针对古典美学中的艺术消亡论，克罗齐通过强调直觉的知识（即艺术）是人类心理活动中必不可少的一个阶段做出了回答："问艺术是否能消灭，犹如问感受或理智能否消灭，是一样无稽。"

克罗齐"直觉即表现"理论的核心，就是要从理论上确立艺术的独立地位，是直接针对着古典美学的理性至上原则及艺术消亡论的。美就是表现，"合适的表现，如果是合适的表现，也就是美的。美不是别的，就是意象的精确性，因此也就是表现的精确性。"

克罗齐的美学理论是20世纪最有影响的美学理论之一。他的"艺术即直觉，直觉即表现"是他整个心灵哲学的一个组成部分，是他美学体系的核心论点。

表现主义是从法文"表现"一词引申出来的，它最初出现于1901年在法国巴黎举办的玛

▲ 克罗齐像

蒂斯画展上，是茹利安·奥古斯特·埃尔维一组油画的总题名。1911 年德国《风暴》杂志刊载希勒尔的一篇文章，首次借用这个词来称呼柏林的先锋派作家，1914 年以后方为人们普遍承认和采用。表现主义是 20 世纪初至 30 年代盛行于欧美一些国家的文学艺术流派，也是西方现代文学中的主要流派之一。第一次世界大战后在德国和奥地利流行最广。它涉及的领域广阔，包括绘画、雕塑、音乐、文学、戏剧以及电影等形式。其主要特点就是强调艺术表现中的主观性和情感宣泄。主张艺术应当干预生活；自我是宇宙的中心和真实的源泉："现实必须由我们创造出来。"主要特征是抽象的人物，人都是象征性的，不具体的，非常类型化的；只是共性的抽象和观念的象征；狂热的激情；荒诞离奇的内容，散乱的结构，强烈的色彩等。强调"艺术就是表现"。表现主义意味着一种叛逆、否定和反抗，具有鲜明的反传统性格；表现主义是对自然主义和印象主义的一种反驳。

## 直觉即表现亦即艺术

克罗齐美学实现了西方美学的价值论转向。

克罗齐主张艺术即直觉，美即表现，艺术与美同一，从而把美从"道德的象征"或"理念的显现"转变为"情感的表现"。克罗齐认为，艺术是纯直觉，创造力既不是道德，也不是哲学。艺术表达的是具体的特性，不应该追问它的真与善。

克罗齐（1866～1952），意大利新黑格尔主义哲学家、美学家、历史学家、政治家。1866 年 2 月 25 日生于阿圭拉省佩斯卡塞洛里，父母都是虔诚的天主教徒。1883 年，在一次大地震中，他失去了双亲，他也被埋在瓦砾中 7 个多小时，受到了重伤。随后，他来到了罗马，和叔父住在一起，并在罗马大学学习法律，但是他一直没有获得学位，随后就回到了那不勒斯，1952 年 11 月 20 日卒于那不勒斯。

他是意大利资产阶级自由派的著名代表。1910 年当选为参议员。1914 年结婚并有四个女儿。1920 年、1921 年任政府教育部长。在墨索里尼当政和德国占领时期，他在自己的著述中坚持反法西斯立场；1943 年至 1947 年领导他所重新创建的自由党，并于 1944 年短期担任过部长。

他的学术研究最初侧重历史，后来转到哲学、美学和文学。在哲学和美学上他受到黑格尔、维柯的影响。

克罗齐把心灵活动分为认识活动和实践活动。认识活动从直觉始，到概念止；实践活动从经济活动始，到道德活动止。直觉、概念、经济、道德这四种活动囊括了一切心理活动。直觉是全部心理历程的始点。直觉是心理最低一层的活动，它可不依赖于其他任何一种心理活动，其他任何一种心理活动却离不开它。直觉的独特性包含了表现的独特性。直觉求美，概念求真，经济求利，道德求善。审美直觉是有别于逻辑活动的知识形式。直觉产生个别意象，正反价值为美与丑。克罗齐说："知识有两种形式：不是直觉的，就是逻辑的；不是从想象得到的，就是从理智得来的；不是关于个体的，就是关于共相的；不是关于诸个别的事物，就是关于它们中间关系的，总之，知识所产生的不是意象，就是概念。"也就是说，直觉是介于感觉与知觉之间的一种心理活动，是全部心理活动的基础。直觉是个体的形象，是属于形式的，因此是个体的形式。克罗齐说："直觉在一个艺术作品中所出现的不是时间和空间，而是性格、个别的相貌。"艺术的本质是直觉——表现。直觉是人人皆有的心灵活动。艺术天才与一般天才比较，只有量的多寡。"诗人是天生的"一句话应改为"人是天生的诗人"。

在克罗齐看来，作为一种心理活动，直觉是一种精神性的东西，直觉作为"心理综合作用"既表现了情感，又创造了客观世界中的物质。它把形式给了"感觉"，使"感觉"有了形式或形象而被表现出来，变成能被掌握、能被察觉的东西，也就是变成了人的感情认识的对象。如果感觉能恰如其分地被意象表现出来，美就是成功的表现。

凡是直觉都是表现，如果表现不出来，就证明它还算不上直觉，而且这里说的表现是指"心中成就"的表现，并非一定得写在纸上（如诗），画在画布上（如画）或者谱成乐谱演奏出来（如音乐）。

克罗齐认为，只要表现已在心中成就，就一定能写下（画下、谱下），否则说明表现在心中尚未成就，以为自己心中已有了表现，那只是一种错觉。克罗齐说："每一个直觉或表象同时也是表现。没有在表现中对象化了的东西就不是直觉或表象，就还只是感受和自然的事。心灵只有借造作、赋形、表现才能直觉。"

克罗齐得出了一系列结论，即直觉就是抒情的表现，直觉就是美，就是艺术，艺术的创造和欣赏之间并没有本质的区别，"欣赏家也许是个小天才，而艺术家也许是个大天才"。因此，如欲欣赏艺术品，必先自成艺术家，正如他说："要了解但丁，我们就必须把自己提升到但丁的水平。"并把语言和艺术等同起来。在克罗齐看来，直觉、表现、艺术几乎是同义词。

他说："艺术是什么——我愿意立即用最简单的方式来说，艺术是幻象或直觉。艺术创造了一个意象或幻象；而喜欢艺术的人则把他的目光凝聚在艺术家所指出的那一点上，从他打开的裂口朝里看，并在他自己身上再现这个意象。当谈到艺术家时，'直觉'、'幻象'、'凝神观照'、'想象'、'幻想'、'形象刻画'、'表象'等词就像同义词一样，不断地重复出现，这些词都把心灵引向一个同样的概念或诸概念的一个同样范围，一个大体一致的指定。"

他认为："艺术永远是抒情的——也就是说包含情感的叙事诗和戏剧……艺术的直觉总是抒情的直觉：后者是前者的同义词，而不是一贯形容词或前者的定义。"

# 美是客观化的情感
## ——自然主义美学

乔治·桑塔耶那（1863～1952）出生在西班牙的马德里。乔治·桑塔耶那是一个奇特的名字。乔治是英语民族的名字，是他在9岁的时候，随母亲迁居波士顿而改称的名字。

受过大学教育的父亲对他产生了重要的影响，桑塔耶那认为应该从诗的角度来理解宗教对世界的解释这个观点，就是来自他的父亲。在波士顿拉丁学校学习的8年中，虽然家庭生活清贫，但是他学习刻苦。善于思考的他写道："我有个本能的感觉，觉得生活是一场梦。景象随时都可以完全消失或完全改变。"

1882年，他考入哈佛大学，师从哲学家威廉·詹姆斯和乔西亚·罗伊斯，毕业后在这里执教20多年，这里成为他一生中最为熟悉的地方。他厌恶学院传统，他自己说："假如我根本当不了教授的话，那可真是件幸事。"他不愿意做职业哲学家，更喜欢当一名漫游学者。

在50岁那年中的一天，这位大师站在哈佛大学的讲坛上，夕阳从窗斜照进来，偶有知更鸟飞来，立在窗格上，他看了一会儿，若有所失又若有所得，回过头来，把粉笔往身后一甩，向学生说：我与阳春有约！便走出教室，辞去了23年的教席，云游欧洲的巴黎和伦敦，1925年定居在罗马这个"自然和艺术最美好而人类又最少干扰"的城市，直到1952年在那里去世。去世的时候，他拒绝为他实施忏悔，成为他忠诚于完全地用自然主义来解释一切事物的象征。

他一生写了30多本著作，部分作品构成了"英语文学遗产中具有永久价值的部分"。

桑塔耶那的美学是其自然主义哲学的延伸。他的哲学思想是自然主义和怀疑论的。自然主义哲学就是认为没有超自然的实体，一切都是按照自然实际发生的模式来认识和解释自然现象，任何自然科学所不能证明的东西都是不存在的或者是令人怀疑的。

在艺术和文学理论中，自然主义与写实主义关系密切，两者都要求真实地描绘人生，然而自然主义者坚持艺术必须采用科学的方法，也必须证明所有的行为都取决于遗传和环境。要求作家像自然科学家一样冷静、客观，不带感情色彩，不对所写的事与人进行社会与道德的评价。

桑塔耶那认为任何事物的存在都是无法证明的。人们认识中的世界，并非世界的本来面目，这是由于感觉和心灵渗入其中的缘故。基于其怀疑论的观点，他区分了本质和存在，把存在看作是外部物质世界，本质是普遍的、一种逻辑的特性。本质是心灵的对象。心灵不能无误地把握本质。

基于其本质论，他把世界即其所谓的自然划分为存在、本质、心灵状态三个部分。心灵状态是感觉材料加上个体的差异性而构成。心灵和本质只是在特定的状态下才具有同一性，也就是说，只有在特定的状态下才能认识本质。通过认知主体的间接经验和直接经验的方式来认识本质，通过凝神观照来直接把握本质，这实际上就是审美。但是心灵永远不能确切认识存在，只是靠本能推测到存在。

桑塔耶那的《美感》一书是他的第一本美学著作，也是美国的第一部美学著作，这本书就是基于他的自然主义和怀疑论的观点创作的。该书采用自然主义的心理学方法来解释美感经验。他的《美感》就是注重自然主义的经验观察的结果。他注重经验在美学中的作用："美之所以存在，就是因为我们观看事物与世界的人存在。它是一种经验……"

他认为："美是一种价值，也就是说，它不是对一件事实或一种关系的知觉，它是一种感情，是我们的意志力和欣赏力的一种感动。如果某种事物不能给任何人以快感，它绝不可能是美的；一个人无动于衷的美是一种自相矛盾的说法。"美是一种积极的、固有的、客观化了的价值。或者用不大专门的话来说，美是被当作事物之属性的快乐……美是在快感的客观化中形成的。美是客观化的快感。

"美是一种感性因素，是我们的一种快感，不过我们却把它当作事物的属性"来加以认识的。他给美的定义就是：美是一种"客观化了的快感"。桑塔耶那把美说成是一种快感，但他并不认为一切快感都是美的。有些快感较易于客观化，美感与一般快感的感受本身也不相同。如果一件事情不能给任何人以快感，它绝不可能是美的，快乐的才是审美的，一件美的东西永远是一种快感，没有了快感，就缺少了美的本质和原质了。

人们的审美经验有一种普遍的要求：故事和戏剧应该"快乐收场"，环境、风景、服装、谈吐应让人联想到可喜可爱的事。"快乐在于其直接的感觉因素和感情因素，只要我们此刻还生存又认为我们的快乐在于呼吸、视听、恋爱、睡眠等最简单的事情，我们的快乐就具有与审美愉悦相同的本质、相同的因素，因为正是审美愉悦造成我们的快乐。"

桑塔耶那把美分为材料美、表现美、形式美，无论哪一种美都是一定刺激所发射的愉快的光辉。桑塔耶那强调审美快感并不等同于肉体的快感。生理快感是一种比较粗劣的快感，审美快感是一种比较优雅的快感。美感可以超脱肉体关系，是一种自由自在、赏心悦目的感觉，而一般快感则是沉湎于肉体之中，局限于感官之内，就使我们感到一种粗鄙和自私的色调了。有时候，两种快感可能结合成一种美。在这个意义上，桑塔耶那把自己的美学著作命名为《美感》。

在桑塔耶那的美感理论中，不仅美的来源是主观的，而且美的体现和美的判断标准也是主观的。美的程度依赖于我们的天性，而美的本质也依赖于我们的天性，而且一切东西绝不是一样美的，因为判断美丑的主观偏见，就是事物所以为美的原因。

生物学观点是桑塔耶那建立自己的自然主义美学的锐利武器。桑塔耶那认为，美感主要来自视觉机能和听觉机能。人体是一部机器，审美不过就是这部机器各部件的有机协调。主体良好的审美享受有赖于人体机能的健康，

人体机能的病态会削弱主体的审美观照能力，"没有健康就不可能有纯粹的快感"。在一个病魔缠身的人眼里，一切美的事物都会大打折扣。

桑塔耶那还突出强调性在审美中的作用，他认为审美的敏感来源于性机能的轻度兴奋。他说："如果我们不探索性对于我们的审美敏感的关系，就会暴露出我们对人性的观点完全不

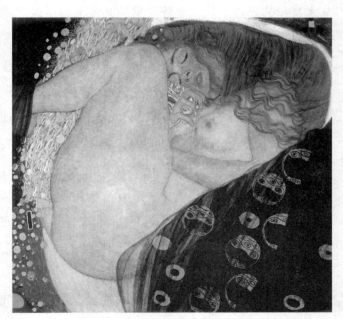

▲ 达那厄　奥地利　克里姆特

作者以写实的手法，从现代人的审美观出发，描绘了一位体态丰润、充满性感诱惑力的裸女，表现出一种潜意识中的压抑和欲望。

切实际。""如果幻想制造一个对美极其敏感的生灵，你再也想不出比性更加适合这个目的的工具了。"一个对女性缺乏热情的男人，很难想象他对审美对象能够敏感。正是在性的驱使下，人们对美怀着一种深刻的精神之爱，从而发现美。

自然本能概念构成了桑塔耶那艺术观的核心。桑塔耶那认为艺术是出自生理冲动的游戏。从艺术起源看，桑塔耶那认为艺术是一种无意识的本能的活动；"艺术的基础在于本能和经验"。艺术和本能一样是不自觉的，是自动的。艺术从一种冲动开始，是有机体和它的环境的相互作用的结果。

艺术的目的就是使人的生物性的冲动得到实现。人的艺术创造活动与动物的行为别无二致。筑巢也是一种艺术，鸟筑巢与艺术家从事创作一样，是被所从事的艺术的例行公事推向前进的，是无意识的、本能的。但桑塔耶那认为艺术是一种理性的行为。"理性的基础是一种动物的本能，理性的唯一功能是为这种动物本性服务。"桑塔耶那的艺术有广义和狭义之分，广义的艺术是指劳动或工业，他称狭义的艺术为自由的艺术或美的艺术。

从艺术功能看，桑塔耶那认为艺术直接与有用相联。这是基于其认为美是一种价值的观点。"艺术，由于在人的身体之外建立了人的生活手段，并造成了外部事物同内部价值的一致，它就确立了一个能不断产生价值的领域。"美的艺术一方面是本能的、无目的的，另一方面是有用的、有目的的。

桑塔耶那反对审美无功利说，强调审美快感的特征不是无利害观念，认为对美的功利的冷漠是审美能力丧失的表现。"所有的艺术都是有用的和有实效的。一些艺术作品大多由于其道德意义才具有显著的审美价值，其本身是艺术提供给作为整体的人性的一种满足。"桑塔耶那认为，艺术兼有"自动性"和"有用性"，艺术是意识到目的的创造本能，"美的艺术"就是这两种特征的完全复合。

桑塔耶那认为，有用是美的前提，无用是丑的预兆，欲望的满足本身就有一种美感的色彩："欣赏一幅画固然不同于购买它的欲望，但是欣赏总是或者应该是与购买欲有密切关系的，而且应该说是它的预备行为。"实用价值能够助长事物的美。当我们知道这件东西是无用的和虚构的，浪费和欺骗的不安之感萦绕于心中，就妨碍任何的欣赏，结果把美也赶走了。"想到明明白白不合用，这一念之间就足以破坏我们对任何形式的喜爱，不论它在本质上是多么的美；但是感到它的合用，这一念又足以使我们安于最笨拙最粗劣的设计了。"

纯审美是一种浪费。如果我们醉心于没有标准，没有目的的形形色色的欣赏，把一切恼人的幽灵都称之为美，我们就变得不能辨别美的精妙不能觉察美的价值了。一个事物当它有实用性时，就有了半审美性，而当它合乎我们的习惯、符合我们的经验与本能时，就有了完全的审美性。如果没有功用即合目的性，就去掉了半个审美性；如果没有本能即没有无目的性，就又去掉了另一半的审美性。

## 盛行于 20 世纪 30 年代的形式主义美学

现代人本主义与科学主义的冲突对立是 20 世纪西方哲学发展的主导倾向。

20 世纪西方美学流派众多，异说纷呈。由于"美学之父"鲍桑葵明确把科学和哲学区别开来，认为美学就是对于艺术的哲学思考，必须关心"美在人类生活的体系中究竟占有什么地位和具有什么价值"。所以，在美学内部也可以这样来区分："20 世纪欧美美学的全部发展，同哲学相似，可以概括为人本主义美学与科学主义美学两大思潮的流变更迭。"

形式主义美学是贯穿整个西方美学发展史的一种理论倾向。就主导倾向而论，西方美学始终是重形式的。

英国形式主义美学、俄国形式主义美学是形式主义美学在 20 世纪初的代表。贝尔的"有意味的形式"还徘徊于形而上学和经验论之间，他的美学具有折中的性质。弗莱则自觉地以经验主义为思想基础，从具体的审美经验和审美情感出发研究艺术。俄国形式主义美学研究的重心则是文学的内部规律，主张以科学的方法研究文学的"内在问题"。因此，俄国形式主义美学实际上是一种文艺理论。

20世纪形式主义多侧重操作性、技术性的精雕细琢，而对于形而上学的理性思辨缺乏应有的兴趣，所以并非每种形式学说都有一个能够统辖自己理论总体的哲学纲领。

"形式"概念本身是一个哲学概念，从毕达哥拉斯学派的"数理形式"到柏拉图的"理式"，再到亚里士多德的"质料与形式"，以及康德的"先验形式"和黑格尔的"内容与形式"等，无不派生于他们的哲学体系，建基在坚实的哲学根石之上。

20世纪的形式主义也不能摆脱哲学的纠缠，但是，整个20世纪的哲学本身就回避理性的追问，试图以经验的感悟和实证代替"形而上"的思辨。"当代西方美学从总的倾向上来看，仍然沿袭着费希纳所提出的美学要舍弃传统的'自上而下'的思辨方法，而采取'自下而上'的经验主义方法。"

"形式美学"就是对形式的美学研究，或者说是从美学的角度研究文学艺术的形式问题。"形式美学"不仅不回避操作性和技术性的"形而下"问题，而且将"形而下"作为最直接的对象，但它并不拘泥于和局限在"形而下"的层面，而是将古典美学的思辨传统与现代美学的实证方法融为一体，重在从哲学的层面全方位

▲ 农园　西班牙　米罗

这件作品以数学式的精确来精雕细琢所有的细部，安排成一种幻想式的作品，并且最后达到了一种令人惊叹的艺术效果。画家将现实中的农场一丝不苟地摄入自己的画面中：蓝天之下，肥沃的土地上布满了成片的玉米，近处还有白色墙壁的农舍和鸡舍，一些农具随处摆放。画面右下角，小小的蜗牛和蜥蜴也活泼生动，清晰可见。在对画中树木的选择上，画家精心地描绘了他喜欢的桉树皮。画中农场的远处有一位正在洗衣服的农妇和一匹准备担水的马。这些植物、动物、道具等等，在画家的笔下得到了令人叹为观止的和谐分配，被描绘得精心细致，它们共同组织成了一个充满亲密、幻想气氛的画面。形式主义美学的艺术理念在这件作品中得到了准确阐释。

地考察形式的美学意蕴。

形式主义美学是一种强调美在线条、形体、色彩、声音、文字等组合关系中或艺术作品结构中的美学观。与美学中强调美在于模仿或逼真再现自然物体之形态的自然主义相对立。

形式主义美学有着深远的历史渊源。古希腊毕达哥拉斯学派就曾试图从几何关系中寻找美。18 世纪英国艺术理论家 W. 荷迦斯在其《美的分析》中提出美是由形式的变化和数量的多少等因素相互制约产生的。

德国艺术史家 J.J. 温克尔曼声称，真正的美都是几何学的，不管古典艺术还是浪漫艺术，都是如此。康德则明确指出："在所有美的艺术中，最本质的东西无疑是形式。"在《审美判断力批判》中，康德说："美是一对象的合目的性的形式，在它不具有一个目的的表面在对象身上被知觉时。"在康德看来，无形式的崇高美也是一种特殊的形式，建筑、雕刻、音乐、美术等的美就更在于形式。只有形式是超功利目的的，只有唤起纯粹审美感情的形式才具有审美价值。康德极力强调形式美使以后的一大批美学家认识到，过分强调模仿和再现，只能把人们的注意力引向艺术品再现的事物，而不是艺术品本身，这样一来，艺术品就会失去本身的价值。

康德之后，形式主义美学的主要代表是德国美学家 J.F. 赫尔巴特及其门徒奥地利哲学家 R. 齐默尔曼。赫尔巴特主张，美只能从形式来检验，而形式则产生于作品各组成要素的关联中。齐默尔曼的美学一度被人们称为"形式科学"，他指出，只要从较远距离观看一个物体，就能很容易地发现其"形式"，而这一形式正是产生审美愉快的源泉。赫尔巴特的另一追随者奥地利音乐理论家 E. 汉斯利克则提出"音乐就是声响运动的形式"。这一见解曾轰动一时，从而把这种形式主义思潮推向极端。

20 世纪以来，英国艺术批评家 R.E. 弗莱和 C. 贝尔对这种形式观做了另一种阐述。

弗莱认为，形式是绘画艺术最本质的东西，由线条和色彩的排列构成的形式，把"秩序"和"多样性"融为一体，使人产生出一种独特的愉快感。这种愉快感受不同于再现性内容引起的感情，后者会很快消失，而形式引起的愉快感受却永远不会消失和减弱。贝尔则指出，再现性内容不仅无助于美的形式，而且会损害它。由线条、色彩或体块等要素组成的关系，自有一种独特的意味，是一种"有意味的形式"，只有它才能产生出审美感情。

"有意味的形式"是艺术的一个不以时代的变化而改变的永恒美的特征，可以为不同时期、不同文化的观赏者所识别和喜爱。欣赏艺术无须求助于现实生活内容和日常生活感情，艺术不是激发寻常感情的工具，它把人们从现实世界带向神秘的世界，使人进入一种陶醉状态，这才是真正的审美感情。

贝尔的"形式主义"可归结为"艺术是有意味的形式"。形式，贝尔认为就视觉艺术而言，形式就是指由线条和色彩以某种特定方式排列组合起来的关系或形式。是排除现实生活内容的纯粹形式关系。一种艺术品的根本性质是有意味的形式。

▲ 白线　康定斯基　俄罗斯（抽象主义）

这幅作品是康定斯基的抽象主义风格绘画的代表作。在此画中，并没有出现特定的主题和视觉的联想。作品显示了一种猛烈冲突的动势和紧张，这是色彩和形状互相冲突的紧张，就好像一种星际大战似的线条冲突的紧张。而形式主义艺术的后期便发展至抽象主义，二者关系密切。

"有意味的形式，就是一切视觉艺术的共同性质"。意味就是在纯形式背后表现或隐藏的艺术家独特的审美情感。因此，"有意味的形式"某种意义上说就是带有审美情感的形式。他所说的"意味"不是寻常的意味，而是"哲学家以前称作'物自体'，现在称为'终极现实'的东西"。因而，他所说的"有意味的形式"也不是具体的形象，只是抽象的形式："艺术家能够用线条、色彩的各种组合来表达自己对这一'现实'的感受，而这种现实恰恰是通过线、色揭示出来的。"举例来说，就是不把风景看作田野和农舍，而设法把风景看成各种各样交织在一起的线条、色彩的纯形式的组合。所以，欣赏艺术品无须带着生活中的东西，也无须有关的生活观念和事物知识，只需带有形式感、色彩感和三度空间感的知识就够了。

贝尔所说的"审美感情"不是"生活感情"，而是对终极实在的感情："那凝视着艺术品的鉴赏家都正处身于艺术本身具有的强烈特殊意义的世界里。这个意义与生活毫不相干。这个世界里没有生活感情的位置。它是个充满它自身感情的世界。"

"审美情感"是"形式主义"的一个重要范畴，它是对应于纯粹形式的情感，具有超功利性，独立自主性与对象的纯形式性。只有将对象视为纯粹的形式，即以其自身为目的时，才能感受到审美情感。

现代美学流派与贝尔的"有意味的形式"理论，对以后的西方艺术的发展产生了深远的影响。

# 弗洛伊德和精神分析美学

弗洛伊德在历史上是一个颇有争议的人物。赞扬他的人将他的无意识说与哥白尼的日心说、达尔文的进化论并称为西方文艺复兴以来的三次科学革命，视他为与马克思、爱因斯坦相媲美的三个犹太人之一。贬损他的人，将他斥之为人类文明的破坏者，是冲进人类文明花园的"一头野猪"、性泛滥的鼓动者，认为他的精神分析学完全忽视了人性中高级的和道德的方面。

西格蒙德·弗洛伊德（1856～1939），奥地利精神分析学家，精神分析学的创始人。

1856年5月6日弗洛伊德生于弗赖贝格的一个犹太商人家庭，4岁时举家迁居维也纳。他在中学时代就显示出非凡的智力，成绩一直名列前茅，17岁考入维也纳大学医学院，他于1881年获维也纳大学医学博士学位，从1902年起任维也纳大学教授。1876年至1882年在著名生理学家E.布鲁克主持的维也纳生理研究所中工作，1886年与马莎·伯莱斯结婚，育有三男三女。

1938 年因遭纳粹迫害迁居伦敦，于 1939 年 12 月 23 日因口腔癌在英国伦敦附近的开普敦逝世，但是弗洛伊德的影响并没有因为他的逝世而消失。

弗洛伊德被称作"人类伟大的人物和领路人之一"。"他忠于自己的基本信念而辛勤工作五十年，同时他对自己的观念体系不惮修改，使它趋于成熟，为人类的知识做出贡献。"他是一个思想领域的开拓者，思考着用一种新的方法去了解人性。

弗洛伊德创建和发展精神分析学说的过程可以分作两个阶段。在前一阶段，弗洛伊德主要研究心理治疗方法并提出心理过程的一般理论。

## 冰山理论

精神分析美学的理论基础是弗洛伊德的无意识理论。弗洛伊德认为，"精神分析的目的及成就，仅在于发现心灵内的无意识"，并称对于无意识心理过程的承认，乃是对人类和科学别开生面的新观点的一个决定性的步骤。

弗洛伊德为人类描绘了一幅立体的心理结构图。早期的弗洛伊德认为，心理结构中包括着三个层次不同的系统：无意识系统（unconscious），下意识系统（或称前意识系统 preconscious），意识系统（conscious）。

无意识系统是人的生物本能和欲望的储藏库。这些本能、欲望具有强烈的心理能量的负荷，服从于愉快原则，并力图渗透到意识系统中而得到满足。无意识系统是一个比意识层更为广袤、复杂、隐秘和富于活力的潜意识层面，如果说人的心理像一座在大海上漂浮的冰山的话，那么意识只是这冰山浮在海面上的可见的小部分，而潜意识则是藏在水下的更巨大的部分。"心理过程主要是无意识的，至于意识的心理过程仅仅是整个心灵的分离的部分和动作。"无意识像一双看不见的手操纵和支配着人的思想和行为。

下意识系统是由可回忆的经验构成的，是意识系统和无意识系统之间的一个部分，其主要机能是在意识系统和无意识系统之间从事警戒。在其中储藏着由社会的、伦理的和宗教的准则，规范和价值观念构成的良心和个人理想。它们是下意识系统中"检查者"的核心，其功能是不允许充满着心理能量的本能、欲望渗透到意识中去。

意识系统面向外部世界，完成感觉器官的作用，服从于现实原则。其主要机能在于把来源于意识系统中的先天的兽性本能、欲望排除掉。因此，意识系统和无意识系统始终都处于对抗、冲突的紧张状态中。

弗洛伊德还从"动力论"的角度把人的整个机体看作是一个能量系统。认为存在着在心理过程中起作用的心理能。他把心理能看作本能的能，并认为心理能是同性本能不可分割地联系着的能。他把这种心理能叫作"力比多"（libido，来自拉丁文）。"性力"（或"力比多"、"原欲"）是弗洛伊德本能学说的核心概念，强调"力比多"给人的全部活动、本能、欲望提供动机的力量。"性"的含义不是仅指性器、狭义性生活即生殖联系的性，而是泛指生理快感和与之相联的心理快感，包括许多追求快乐的行为和情感活动。

荣格更是直接地解释："力比多，较粗略地说，就是生命力，类似于柏格森的活力。"弗洛伊德也曾说过："我们可以丢掉'力比多'这个术语，也可以把它用作一般意义上的精神能量的同义语。"由于弗洛伊德用"力比多"解释人的全部活动的动机，因而其理论便获得泛性论的名称。但是，他也清楚地知道："坚持性欲乃是人类取得一切成就的源泉，以及性欲观念的扩展——从一开始便是精神分析学遭到反对的最激烈因素。人们常常批评精神分析学的'泛

▲在弗洛伊德看来，即使是幼儿也有性欲，母亲则是他第一个恋爱的对象，也是他第一个发泄爱欲的对象。

性主义'，甚至无聊地攻击它以性来解释一切。"

## 压抑和升华

弗洛伊德在 1913 年以后把精神分析理论广泛应用到人类社会生活和文化历史发展的各个领域，从而获得了弗洛伊德主义的称号，对哲学、心理学、美学甚至社会学、文学等都有深刻的影响。

弗洛伊德认为整个人类的历史是由"爱罗斯"（代表生的本能和欲望）和"腾纳托"（代表死亡的本能和欲望）之间的斗争所决定的一种特殊的有节奏的戏剧。在他看来，革命和起义是侵略本能的具体表现，战争的不可避免性是由人的侵略、破坏的本能，即死亡的本能决定的，在艺术、科学和其他文化领域中，有的人之所以有贡献，是由于他们的被排除的先天本能、主要是性本能所具有的心理能量升华的结果。此外，他还提出了"俄狄浦斯情结"概念，试图以此解释宗教、社会、道德和艺术的起源问题。

在 20 世纪 20 年代，弗洛伊德由于解释社会现象的需要而提出了新的心理结构理论。弗洛伊德从心理学的角度提出"三部人格结构"说，把人格或人的精神主要分成三个基本部分，即本我、自我和超我。

"本我"处于无意识的最深层，它主要是由性冲动（性力）组成。本我是生物的本能。本我内部贮存着强烈的要求得到发泄的心理能量，仿佛是一口沸腾的大锅，其中被压抑的本能、欲望力图根据愉快原则而通过"自我"得到满足。性冲动不受逻辑、理性、社会习俗等因素的约束，仅受自然律的支配。本我遵循的是一种愉快原则。

"自我"是一个意识系统再现由外部世界积累起来的经验。它是本我和外部世界之间的居中者，并根据现实原则调节本我和外部世界之间的冲突，以一种"现实原则"对性冲动加以适当的抑制。从本能控制的观点来说，可以说本我是完全非道德的；自我是力求道德的；超我是能成为道德的，然后变得很残酷——如本我才能有的那种残酷。

"超我"是性冲动被压抑之后，经过一番转化或变形，通过"自我"检查，向道德、宗教和审美等理想形态的"升华"，是一种代表着道德良心和理想的意识。它是禁忌、道德、伦理规范以及宗教戒律等的体现者。

弗洛伊德坚持性欲乃是人类取得的一切成就的源泉。"一般而言，我们的文明可以说是建基在本能的压抑上面的。每个人都要牺牲一部分他人格中的好胜心、领袖欲、侵略性，以及仇恨的倾向。"他说："心灵就是相反冲动决斗竞争的场所，或者用非动力论的名词来表达，是由相反的倾向组织而成的。"

"升华"一词原为物理学和化学术语，弗洛伊德借用"升华"这一术语，指人将原有的本能冲动、欲望（"性力"）转向崇高的目标或方向和对象的过程。他说："目标及对象的改变有一种更富有社会意义的价值，我们可以称之为'升华'。"升华作用是一种转移。一方面，它将本能欲望转入另一有用的新途径，原先用以满足本能的活动为更高尚的精神活动所取代。另一方面，由于它是将本能欲望向合乎文明发展和社会规范的方向转化，也避免了与社会道德、法律、习俗相冲突或违背。弗洛伊德说："本能的升华是最引人注目的文化发展特征；正是由于升华，高级的心智活动、科学活动、艺术活动或思想活动才成为可能。"

弗洛伊德用这种理论对美感的根源做出解释。弗洛伊德批评说，以往的美学都有一个很大的缺陷，那就是它只研究事物之所以成为美的条件，而不能对美的本源做出解释。弗洛伊德说："一切美与完善的价值都要依其对我们的感性生活的意义来确定。"感性生活主要指性力的本能。"精神分析学对美几乎也说不出什么话来，看来，所有这些确实是性感领域的衍生物。对美的爱，好像是被抑制的冲动的最完美的例证。'美'和'魅力'是性对象的最原始的特征。"

从这一基本理论出发，弗洛伊德和他的信徒对艺术创造和美感进行了解释。他的艺术创作理论的核心就是性力升华说。

如果人们的欲望在真实生活中受了压抑，那么，他就会在幻想中去创造"一个属于他自己的世界，或者说，他用一种新的方法重新安排他那个世界的事物，来使自己得到满足"。"幻念也有可以返回现实的一条路，那便是——艺术，艺术家也有一种反求于内的倾向，和神经病人相距不远。他也为太强烈的本能需要所迫使；他渴望荣誉、权势、财富、名誉和妇人的

▲ 梦幻　法国　卢梭

画中野生的茂盛丛林中，虎视眈眈的狮子、漂亮的禽鸟、可怕的美国野牛、惨淡的月亮和黑皮肤的长笛手都被表现得栩栩如生。一具畸形却很性感的裸体，在一张华丽的维多利亚式沙发上歇息。卢梭要表现的是那位少女躺在床上梦见自己在丛林中心旷神怡，这个梦是那么虚无，然而却又使人神魂颠倒，充满原始、神秘的魅力。从这件作品中我们可以看到弗洛伊德理论的影子。

爱；但他缺乏求得这些满足的手段。因此，他和有欲望而不能满足的任何人一样，脱离现实，转移他所有的一切兴趣和力比多，构成幻念生活中的欲望。""艺术作为逃避痛苦的方法用来为生活制造一种幸福的幻觉。"

　　弗洛伊德说："对梦与幻想的关系我不能置之不理。我们在夜间所做的梦，不是别的，正是幻想。"弗洛伊德认为梦是一种在现实中实现不了和受压抑的愿望的满足。夜间梦同白昼梦完全一样，是欲望的满足。梦、白日梦、艺术想象便是性力转移的结果。

　　他认为这些实现不了和受压抑的愿望多半是和性有关的。梦是一种潜意识的活动，在潜意识的活动中的主要内容——被压抑的愿望并非是直接表达于梦中，而是通过扭曲变为象征的形式出现，故梦都是象征的。艺术想象是艺术家未能在现实中实现的性欲的替代性满足。弗洛伊德认为："梦的元素与对梦的解释之间的固定关系称为一种'象征'的关系，而梦的元素本身就是梦的隐意的'象征'。如男性的生殖器官的象征可以由手杖、树木、雨伞、刀、笔、飞机以及其他一些可以代表其物理外形和功能的物体来完成，而洞穴、瓶子、帽子、门户、珠宝箱、花园、花等物品则代表了女性生殖器官。跳舞、骑马、爬山、飞行等则代表了性行为，剃头、砍头或者掉牙则是阉割的象征。"

有些弗洛伊德的追随者甚至断言，所谓艺术，就是性的符号，之所以在各处的儿童艺术和原始艺术中都能见到圆形的式样，那是因为圆形总使他们回忆起母亲的乳房。德国著名哲学家弗罗姆曾经说，弗洛伊德对梦的分析，是现代科学对梦的分析的最原创性，最著名与最重要的贡献。

他创造了俄狄浦斯情结这个精神分析学术语。"很难说是由于巧合，文学史上的三部杰作——索福克勒斯的《俄狄浦斯王》、莎士比亚的《哈姆雷特》和陀思妥耶夫斯基的《卡拉马佐夫兄弟》都表现了同一主题——弑父。而且，在这三部作品中，弑父的动机都是为了争夺女人，这一点也十分清楚。"

在弗洛伊德看来，索福克勒斯的《俄狄浦斯王》这部悲剧的效果并不在于命运与人类意志的冲突，而在于表现这一冲突的性质，即普遍存在的仇父恋母情结。俄狄浦斯杀父娶母，实际上是他童年时代愿望的实现。

莎士比亚的《哈姆雷特》也是出于同一根源，只是得到不同的处理。"只有分析地追溯悲剧素材的俄狄浦斯，即恋母的主题思想时，《哈姆雷特》的感染力之谜才能最终揭开。"原因就在于观众在欣赏这部作品时也和剧中的主人公一样，激起并实现了自己童年时的最初愿望。弗洛伊德认为，这种愿望能够唤起并满足他人相同的无意识的愿望冲动。

弗洛伊德还考察了达·芬奇的身世及绘画作品，认为达·芬奇要创作一幅表现在母亲和外祖母照顾下的童年生活的画。认为《蒙娜丽莎》的独特的微笑，实际表现的是达·芬奇对自己生母的儿时记忆。达·芬奇在描绘各种圣母像时所激发的热情，也就是他对早年离别的母亲的思念情绪的升华。

精神分析美学的兴起，把科学家和艺术家们的兴趣从外部世界引向人的内心世界，对人的内在心理结构进行探索，从而使艺术的形式和内容发生了大幅度的变化。

# 分析美学

在流派纷呈的 20 世纪西方美学中，分析美学开始于 40 年代末期，50 年代后期达到巅峰，进入 60 年代后渐趋衰落。分析美学无疑是最为引人注目的派别之一，它的思想的直接来源是分析哲学，是分析哲学在美学领域中的扩展。

分析哲学是一种以语言分析作为哲学方法的现代西方哲学流派或思潮。分析哲学在 20 世纪 30 年代以来的英美哲学中，一直居于主导地位。

分析哲学是一个观点相当庞杂的思潮或流派，但是仍有一些共同特征：

首先，反对建立庞大的哲学体系，主张在解决哲学问题时要从小问题着手，由小到大地逐一解决。强调哲学研究的科学性。强调要使自己的概念和论证达到自然科学那样的精确程度。他们利用数理逻辑作为自己的主要研究手段并建立了一套技术术语。

其次，普遍重视分析方法，强调形式分析或逻辑分析，即从纯粹逻辑的观点分析语言的形式，研究现实和语言的最终结构。

最后，重视语言在哲学中的作用，把语言分析当作哲学的首要任务。分析哲学家认为哲学的混乱产生于滥用或误用语言。他们认为哲学不是理论，而是活动，哲学家的任务不是发现和提出新的命题，而是使已有的命题变得清晰。

分析哲学运动为分析美学的诞生提供了基本哲学立场和方法论。在分析哲学发展的现阶段上，主要有两大流派：逻辑分析哲学和语言哲学。与分析美学相关的是后者。

分析美学不仅与传统美学，也与其他美学流派有明显的区别。舒斯特曼总结他对分析美学的特征的看法：分析美学把自己看作是以逻辑为中心的，元批评的活动——艺术批评是一阶的活动，美学是在艺术批评基础上的二阶的活动，是对艺术批评所用概念的澄清和改进；反本质主义和对明晰性的要求；重视艺术而不是自然美；非规范性、非评价性的特征；非历史性、非社会背景性的孤立的研究方法；在批评实践中拒绝多元化，缺少实用主义的元素。

大体说来，分析美学发展经历了三个阶段：第一个阶段就是摩尔、艾耶尔和早期维特根斯坦为主要代表的"情感主义"阶段，基本特点就是强调美学中的各种重要概念只是起到了表达某种主观情感的作用，无法对它们进行严格定义。

第二个是"语境论"阶段，以后期的维特根斯坦、莫里斯·威兹、威廉·肯尼克以及玛格丽

▲ 亚威农的少女　西班牙　毕加索

这是毕加索立体派绘画的杰作，借用非洲和伊比利亚雕塑中的变形手法展现人物形象。

特·麦克唐纳为代表，注重从日常语言运用方面研究美学和艺术问题，否定对美学概念下定义的可能性。

第三个阶段是"多元化"时期，以乔治·迪基、阿瑟·丹图，尼尔森·古德曼、吉纳·布洛克为代表，由以前彻底否定下定义可能性的立场回到这些概念可定义性的折中立场上来。

分析美学家与分析哲学家一样，在解决美学问题时，都强调从小问题入手，从小到大逐个加以解决。舒斯特曼说："在分析美学的传统中，并不存在那种可以与自黑格尔以来那种统治着大陆派艺术哲学的宏大的历史诡辩论和系统的方法相匹敌的东西。"

托马斯·门罗在《走向科学的美学》一书中说，"美"这样的词是模糊不清和似是而非的，甚至连商业广告商也意识到"美的"是一个过了时的陈腐的颂扬之词。分析美学家试图澄清"美学上的混乱"，他们认为这些混乱主要是由语言问题造成的。

## 反本质主义和对明晰性的要求

分析美学否定哲学概括的必要性，把语言分析作为一种自然的研究方法

接受过来。认为对普遍性的追求、本质论、类比把人们引入歧途。分析美学利用语言分析的方法，对传统美学的概念进行分析。

他还从价值论的角度来看待美，这样，他就把美与种种伦理学价值，如善、幸福等联系了起来。这一阶段被称为分析美学的情感主义阶段。他们一方面追求概念的清晰，一方面又难以摆脱形而上学的影响。"与传统美学相比，分析美学对（艺术的）价值给予的关注要少得多。"

舒斯特曼说："我们当然不能把维特根斯坦的美学观点排除在外，尽管它们在时间上早于被大多数人称作的分析美学时代。因为这些观点变得极有影响力，首先是他的基本哲学方法影响了艺术的哲学分析。"

维特根斯坦，英国籍哲学家、数理逻辑学家、分析哲学的创始人之一。

维特根斯坦 1889 年 4 月 26 日生于奥地利维也纳一个犹太人家庭，后入英国籍。1951 年 4 月 29 日在剑桥去世。

其前期哲学思想属逻辑分析哲学。前期哲学理论的核心是图式说。维特根斯坦在其后的哲学思想中，抛弃了图式说及其在此基础上所建立的逻辑原子论，以语言游戏说代替了图式说，以语言分析代替了逻辑分析，以日常语言代替了理想语言。语言像游戏一样，是一种没有共同本质的复杂的现实活动；语言的用法、词的功能和语境等也像棋子的走法、棋式一样，都是无穷多的；语言游戏理论的基本观点是首先把语言看作活动。语言游戏注重词及其功能的复杂性和多样性，而词的用法包括命题，语言都没有本质，而只有"家族相似"，"家族相似"指在一个家族中，总有一个成员与另一个成员相似，但其相似之处未必也是他与第三个成员的相似之处，并且没有一种相似之处是所有家族成员共有的。他提出"请不要想，而要看"。

路德维希·维特根斯坦指出："哲学的目的是从逻辑上澄清思想。哲学不是一门学说，而是一项活动。哲学著作从本质上来看是由一些解释构成的。哲学的成果不是一些'哲学命题'，而是命题的澄清。可以说，没有哲学，思想就会模糊不清：哲学应该使思想清晰，并且为思想划定明确的界限。"据此，一些语义分析美学家认为维特根斯坦哲学给当代美学提供了出发点。

维特根斯坦说，哲学中的绝大部分命题和问题并不是假的，而是无意义的。无论善与美有多大的同一性，它们都属于这类问题。在维特根斯坦看来，美学和伦理学一样，都是不能表达的，是先验的，什么是美一类问题是没有意义的。认定美学是属于不可言说的东西的范畴，对它只能保持沉默。这亦是维特根斯坦"记号的生命在于它的使用"在艺术领域中的具体运用。

维特根斯坦指出："美学这个题目太大了，而且就我看来，它整个被误解了。'美的'这个词比其他词更频繁地出现在某些句子里，如果你注意一下这些句子的语言学形式的话，你就会发现，像'美的'这样的词更容易被误解。'美的'（还有'好的'）是一个形容词，因而你不禁要说：它有某种性质，即'美的'的性质。"

大约到了 20 世纪 50 年代，分析美学进入成熟期，其基本特征是从日常语言运用方面分析美学和艺术问题。维特根斯坦在前期还把艺术的本质看成是不能用经验加以证实的"神秘的东西"，认为艺术的本质是存在的，是"世界存在"这种奇迹的显示。到了后期，他则是根本否认艺术有统一的本质。他站在日常语言哲学的立场上，认为像"游戏"、"美"、"艺术"之类的概念只有"家族相似"的关系。各种艺术仅仅形成了一个彼此有点相似的"家族"而已。

# 现象学美学

现象学美学是用现象学的方法解释美学问题以及为美学建立现象学基础的一种美学思潮。

现象学是 20 世纪西方的一种哲学思潮，创始人为德国哲学家胡塞尔（1859～1938）。胡塞尔是犹太族后裔的德国哲学家，先后在德国哈雷、哥丁根和弗莱堡大学任教，1938 年病逝于弗莱堡。

胡塞尔对于现代西方哲学最重要的理论贡献，表现为他对有别于传统认知性经验的一种意向性经验的揭示。意识是"'对某物的意识'显然是充分自明的东西，同时又是极其难以理解的"。先验自我是意识和意向结构的最深核心。朝向对象是意识最普遍的本质。

现象学，不论作为意识的哲学理论，还是作为对人类意识提供描述的特殊形式，简单说就是意向性的理论。意向性"表现了意识的基本性质；全部现象学的问题……分别地来源于此"。"意向性是一般体验领域的一个本质特性……是在严格意义上说明意识特性的东西……把意向性作为无处不在的包括全部现象学结构的名称来探讨。"

现象学的口号是"回到事物本身"。意思是要人们通过直接的认识去把握事物的本质。"现象学这个词本来意味着一个方法概念。它不描述哲学研究对象所包纳事情的'什么'，而描述对象的'如何'。"

胡塞尔认为："现象学标志着一门科学，一种诸学科之间的联系；但现象学同时并且首先标志着一种方法和思维态度：典型哲学的思维态度和典型哲学的方法。"

在胡塞尔看来，现象学哲学与美学有着天然的内在联系与相近性。"艺术家对待世界的态度与现象学家对待世界的态度是相似的。正如哲学家（在理性批判中）所做的那样，世界的存在对他来说无关紧要。艺术家与哲学家不同的地方只是在于，前者的目的不是为了论证和在概念中把握这个世界现象的'意义'，而是在于直觉地占有这个现象，以便从中为美学的创造性刻画收集丰富的形象和材料。"

现象学美学强调对艺术作品的本质结构的感知和把握。现象学哲学与美学都采用直观法。胡塞尔写道："现象学的直观与纯粹的艺术中的美学直观是相近的；当然这种直观不是为了美学的享受，而是为了进一步的研究、进一步的认识，为了科学地确立一个新的哲学领域。""美学家感兴趣的不是个别艺术作品，不是波提切利的花布，不是莎士比亚的十四行诗，也不是海顿的交响乐，而是十四行诗本身的本质，交响乐本身的本质，各种各样素描画本身的本质，舞蹈本身的本质等等。他感兴趣的是那些一般的结构，而不是特定的审美客体。"

现象学美学与现象学哲学一样，旨在打破主客观对立，强调交流和融合。这种交流和融合是在纯粹意识领域中意识活动与对象之间的意向指向与意向性给予的交流。现象学美学的意向性理论，避免了主体对客体的单向性的意指，主体与客体不再对立，而是一种双向的交流。意向对象是在意识活动中直接被给予的，而此时的意识活动不能独立存在，它总是对某对象的意识。意义在意向的活动中被直接给予。在现象学的本质直观中，纯粹的意向性活动一方面使对象的构造结构显示出来，同时主体的意向性活动结构也显示出来。意向性结构和对象结构是在本质直观中同时呈现出来。

在 1913 年出版的《纯粹现象学通论》中，胡塞尔以丢勒的铜版画《骑士，死和魔鬼》为例，运用现象学方法对艺术中知觉与想象的关系等问题做了深入的探讨，对 20 世纪美学与艺术的发展产生了深远的影响。

在胡塞尔看来，艺术的世界是一个价值世界，这一世界有着与物理世界和实践世界以及善的世界迥然相异的特征。"我们终归有一种存在着的美的东西，一种单纯的想象物，一种'图像'，它恰恰是一个理想的对象，而不是一个实在的对象。"审美对象的情致与意韵不是线条与色彩本身，而是在此基础上形成的图像客体所传达的精神性的东西，这一精神性的东西就是审美对象的审美价值："对我存在的世界不只是纯事物世界，而且也以同样的直接性作为价值世界、善的世界和实践的世界。"提香的画之所以是一幅画而不是简单的物理图形，就是因为画面传达着、流动着提香本人对生活的理解、对生命的感悟，富有鲜活的精神气息与旺盛的生命力。由此可知，物理图像只是对"事实世界"的客观再现，艺术图像则是对"价值世界"的审美表征。梵·高画的椅子并不向我们叙述椅子的故事，而是把梵·高的世界交付予我们。

# 存在主义美学

"哲学研究的是存在，它应当回答什么是存在的问题。"

作为与传统本质论哲学相抗衡的一种学说，存在主义虽然是一种每个时代的人都有的感受，在历史上我们随处都可以辨认出来，但只在现代它才凝结为一种坚定的抗议和主张。

　　萨特将存在主义者分为两大阵营，一类是以雅斯贝尔斯为代表的基督教徒，另一类是由海德格尔领衔的无神论者，而马里坦则以对待本质的立场为依据，将存在主义分为消极的彻底反本质论与本质论的存在主义两种形式。但是一些思想史家们认为存在主义实质上不可能加以系统地说明。因为存在本身是一种无法直接予以把握的东西。

　　从词源学看，在古希腊语里，"存在"的原意是"呼吸"。梅洛·庞蒂说："存在就是本质。"马塞尔说："存在主义的对象是存在与存在者这一不可分割的统一体。"西班牙思想家加塞尔说："生活是一种最基本的事实，一切哲学都必须由此出发。我们从内部知道它，在它的身后不可能再有什么可追问的东西。"

### 萨特的想象论

　　让·保尔·萨特（1905～1980），是法国著名的作家、社会活动家、思想家。萨特被誉为"20世纪人类的良心"。萨特3岁时，右眼因角膜翳引起斜视，5岁就戴上了眼镜；他与西蒙娜·德·波伏娃的故事广为人知；他获得1964年度的诺贝尔文学奖，以"一向谢绝来自官方的荣誉"为由拒绝领奖，以60多岁的年龄激情地参加五月风暴而被押上警车，等等。

　　1980年4月15日，萨特在巴黎逝世。

　　萨特声称自己是个无政府主义者。但是他又说："长时期以来，哲学是一个人试图逃避生活状况的一种思想，特别是逃避那些应尽政治责任的生活状况。人活着，他睡觉，他吃饭，他穿衣，哲学家不重视这样的人。他研究另一些把政治排除在外的领域。今天哲学家关心的是那些睡觉、吃饭、穿衣等的人，此外，再也没有其他的主题。哲学家不

▲近半个世纪以来，波伏娃与萨特一直以伴侣的面目出现在世人面前，这种伴侣关系是自由的、反世俗的。1960年，波伏娃在《岁月的力量》一书中写道："我们有着共同的特点，我们之间的交流在有生之年从未间断。"

得不有一个政治立场，因为政治在这个水平上发展。"他说："哲学就是探讨存在。任何思想如果不导致对存在的探讨就没有根据。请不要忘记，一个人身上有着整个时代，正像一波浪涛承担着整个大海一样。"

1943年，萨特的哲学巨著《存在与虚无》问世。在此书中，他全面论述了关于"存在"的理论，他说："哲学就是探讨存在。任何思想如果不导致对存在的探讨就没有根据。"指出人即为自我的存在，具有超越的特性，他永远处于变化中，尤其是在时间的流逝中，并显示为"不是其所是和是其所不是"的面貌存在。

他写道："我们所说的存在先于本质是什么意思呢？我们的意思是说，人首先存在于自身相遇，在这个世界上崛起，然后才规定他自己……这就是存在主义的第一原理。"人，不外是由自己造成的东西，这是存在主义的第一原理，是萨特"自由哲学"的基础，即"存在先于本质"。

人的存在是虚无，其过程是一个自身否定的过程。人的这种自身否定，萨特称为"自由"。他说，自由"就是我的存在"。萨特主张人的自由通过人的选择和行动表现出来，自由与选择、行动密不可分。但人又必须承担由此而来的全部责任，包括烦恼、孤独和绝望等。恰如他所言："人是自由的，懦夫使自己成为懦夫，英雄把自己变成英雄。""选择是可能的，但是不选择却是不可能的，我是总能够选择的，但是我必须懂得如果我不选择，那也仍旧是一种选择。"

萨特称自己的"存在主义是一种人道主义"，强调"行动"的重要性，要求人们在荒诞现实和偶然性存在中积极争取存在的意义、本质和价值。这也就是为什么在萨特时代，存在主义已不仅仅是一种哲学思潮，而成为一种社会运动的原因。

萨特的结论是："世界从本质上说是我的世界……没有世界，就没有自我性，就没有人；没有自我性，就没有人，就没有世界。"

在美学上，萨特用想象代替哲学中的意识，认为想象的过程就是对自在的存在的否定和虚无化的过程。这是萨特存在主义哲学在艺术和审美领域中的实践。萨特的想象理论是其美学思想的核心。想象的世界是萨特所追求的自在与自为统一的世界，即美和艺术的世界。人应该立足现实，凭借其想象行动起来，争取更大的自由与更多的存在，这样才能超越现实世界，达到美和艺术的境界。萨特的独特之处在于突出了想象富于行动的一面，即认为想象是一种否定和超越现实世界的能力，这是萨特对想象理论的重大发展，对现当代西方美学产生了深远影响。

萨特认为想象使意识的自由得到了实现，非现实的东西是在世界之外由一种停留在世界之中的意识创造出来的；而且，人之所以能够从事想象，也正因为他是超验性自由的。

美学中的想象包括两层意思，即审美想象和艺术想象。在萨特看来，想象是一种活动，其结果是创造出一个非实在的对象。萨特认为想象的首要特征是它的意识性。所有的意识都假定其对象。想象的假定作用有四类，即想象把对象设定为：（1）非存在，（2）不在现场，（3）存在于他处，（4）不假定其对象存在。想象的另一重要特点是它的自由性、创造性，它是意识本身所具有的一种能力。在萨特看来，想象是最伟大的艺术家，没有想象的参与，美的创造和欣赏是不可能的，美只存在于想象的世界中。艺术作品不是外部世界中的客体或事物意义上的对象，它所展示出来的是一些新的东西的一种非现实的集合。

美作为被想象的对象是非真实化的，"根本上依靠人类超越世界的意识，依靠其呼求着的本质上的贫乏"。因为现实的极其贫乏，才使人的想象成为可能，促使人们凭借其丰富的想象行动起来。想象对象的存在是"非存在"，是"虚无"。因此想象所把握的是虚无，所假定的也是虚无，"'虚无'是存在的一种类型"。虚无、非存在，萨特认为其来源于"否定"。否定的活动，对于意象来说便是构成性的，而且是意象的根本性的结构。

萨特在戏剧方面提出著名的"情境剧"理论，戏剧能够表现的最动人的东西是一个正在形成的性格，是选择和自由地做出决定的瞬间，这个决定使决定者承担道德责任，影响他的终身。作为以描写人物为中心的戏剧的继承者，我们需要那种有情境的戏，我们的目的在于探索一切在人生经历中最常见的情境，这种情境在多数人生活现象中至少出现一次。

"在当代，哲学在本质上是戏剧性的。哲学的注意力已经放到人的身上——人既是动因又是行动者，人因其生活境况而处在种种矛盾之中，他创作和扮演着人的戏剧，这场戏不到他的个性被摧毁或他的冲突得到解决就不会收场。一场表演在当代来说，是表现人活动最恰当的工具——把人的活动完全截留下来了。由此看来，哲学所关注的正是这样的人。因此，我们说戏剧含有哲学意味，哲学又带有戏剧性。"两者还是有区别："哲学是戏剧性的，但它并不能像戏剧那样来研究个性。"

萨特提出："我心目中的戏剧美学要求必须跟展现的目的保持一定的距离，使这个目的在时间或空间移动，一方面舞台上表现出的激情应该相当有节制，不应妨碍观众的觉醒；另一方面应该让戏剧的海市蜃楼消散，这是我采用的譬喻，按高乃依的术语来讲就是喜剧幻觉的消散。"

法国当代评论家罗杰·加洛蒂称萨特的戏剧是"我们时代的见证"，"他道出了我们时代的混乱状态，也表明了摆脱这种状态的意志，这种根本的智力活动给萨特的作品以强烈的生命力"。